高等 规划教材

计算机网络基础

主　编　曹莹莹
副主编　成红胜　李树军
参　编　金慧慧　杨子瑕　郭晓俐
主　审　朱立才

南京大学出版社

图书在版编目(CIP)数据

计算机网络基础 / 曹莹莹主编. -- 南京:南京大学
出版社,2018.10

ISBN 978 - 7 - 305 - 21101 - 0

Ⅰ. ①计… Ⅱ. ①曹… Ⅲ. ①计算机网络 Ⅳ.
①TP393

中国版本图书馆 CIP 数据核字(2018)第 239832 号

2017 年江苏省高等教育教改研究课题,应用型本科院校"新工科"创新创业能力"四位一体,多元协同"培养路径
的研究与实践(项目编号:2017JSJG213)

江苏省教育科学"十三五"规划 2016 度课题,应用型本科院校产教融合协同育人机制研究(项目编号:D/2016/
01/63)

盐城师范学院教育科学研究项目,网络工程专业《TCP/IP 协议分析与应用》系列课程教学内容和方法改革研究
(项目编号:15YCTCJY046)

盐城师范学院教育科学研究项目,应用型本科院校校企合作协同育人机制研究(项目编号:16YCTCJY010)

江苏省教育科学"十三五"规划 2015 度课题,地方本科院校数字媒体技术专业应用型人才培养研究—基于教学质
量保障体系和 CDIO 工程基于视角(项目编号:D/2015/01/145)

出版发行 南京大学出版社
社　　址　南京市汉口路 22 号　　　　邮　编 210093
出 版 人　金鑫荣

书　　名　**计算机网络基础**
主　　编　曹莹莹
责任编辑　贾　辉　蔡文彬　　　　编辑热线　025 - 83686531

照　　排　南京理工大学资产经营有限公司
印　　刷　南京人文印务有限公司
开　　本　787×1092　1/16　印张 15　字数 356 千
版　　次　2018 年 10 月第 1 版　2018 年 10 月第 1 次印刷
ISBN　978 - 7 - 305 - 21101 - 0
定　　价　39.00 元

网　　址:http://www.njupco.com
官方微博:http://weibo.com/njupco
官方微信号:njupress
销售咨询热线:(025)83594756

前　言

为加快现代职业教育体系建设,盐城师范学院作为牵头单位,联合盐城机电高等职业技术学校、南京晓庄学院等多家单位,在对中职、高职、本科院校现有教学资源和条件、计算机通信、电子等相关专业人才发展需求调研的基础上,探究如何发挥中、高职院校技能型人才培养和本科院校应用型人才培养优势,突出工程实践能力的培养。

本书介绍了计算机网络的基础知识、家庭网络与校园网络的部署方案,共分五个专题:专题一介绍网络中心中常见的网络设备与传输介质;专题二介绍家庭网络的常见应用、部署方案以及接入 Internet 的方式;专题三介绍校园网络中实验室局域网的部署与配置方法;专题四介绍校园网中常见服务的部署与使用方法;专题五介绍利用路由器连接实验室局域网构建校园网络的部署与配置方法。

本书坚持职业能力为本位,减少枯燥难懂的理论,取而代之的是网络规划、组建与管理等实际操作应用能力的培养与训练。与其他版本的《计算机网络基础》教材相比,本书具有以下特点:

本教材以应用为主线,辅以理论知识介绍,以一位职业学校的学生在学习与生活中遇到的计算机网络部署与使用的案例为主线,串联全书的知识体系与内容组织。

本书以"项目驱动,工程教育"为理念,以"问题为导向",重点培养学生分析解决问题能力与工程实践能力。本书将大项目列为专题,每个大项目分解为几个难度较低、易于理解、易于操作的任务,"化繁为简、化大为小",符合职业学校学生的认知习惯。每个专题理论知识在先,实践操作在后,理论讲解为实践提供原理性支撑,动手实践升华对原理的理解。理论与实践的有机结合有助于加深认知,提升学习效果。

本书对每一个专题都设置了问题引入和专题自我小结,每一个任务都进行了任务描述,明确了学习目标,循序渐进地展开计算机网络技术的学习。理论讲解"够用"就行,实践讲解尽量详细,方便学生自学与课后复习。

本书由"计算机网络基础课程体系"研究项目组编写。曹莹莹老师拟定了本书的框架结构,完成了统稿,并负责专题一的任务四和专题二的编写。专题一由金慧慧老师编写,专题三由成红胜老师编写,专题四由杨子瑕老师编写,专题五由李树军老师编写。朱立才老师负责审稿。

本书可作为通信、电子、信息类职业院校的专业教材,也适合通信、计算机等企事业单位从事相关教学和工程技术人员阅读参考。

由于编者水平有限,加之计算机网络技术发展迅速,虽然努力做到最好,但书中肯定存在疏漏和错误之处,恳请广大读者和专家批评指正,以不断提高本教材的编写质量。

编 者
2018 年 10 月

目　录

专题一　走进网络中心

李明是江苏职业学校计算机专业的一名新生,开学初在老师的带领下,他参观了学校的网络中心,他看到了学校的网络规模,认识了多种硬件,了解了部分软件的运行情况。计算机网络是信息高速公路的载体,无处不在的计算机网络为人们的工作、生活带来了便利,提高了效率。那么,什么是计算机网络? 计算机网络是如何工作的? 如何建立、使用计算机网络?

任务一　初识计算机网络

任务描述

认识计算机网络的目的,是通过学习对计算机网络有一个基本的了解。掌握计算机网络的概念,了解计算机网络的产生与发展,熟悉计算机网络的分类,掌握计算机网络的主要功能和计算机网络的应用。

任务目标

◇ 掌握计算机网络的定义;
◇ 了解计算机网络的发展阶段;
◇ 掌握计算机网络的分类、特点;
◇ 了解计算机网络的应用场合。

预备知识

在信息化社会中,计算机已经从单机使用发展到群体使用。越来越多的领域需要计算机在一定的地理范围内联合起来进行工作,从而促进了计算机和通信两种技术的紧密结合,形成了计算机网络。

一、计算机网络概述

现今,计算机网络无处不在,从网上聊天到游戏娱乐,从图书借阅到新闻定制,从课程学习到作业提交,从微信转账到网上订票,从家庭有线接入到公共场所无线畅游,再到物联网、大数据服务,可以说计算机网络已成为人们日常生活与工作中所必不可少的一部分。

（一）计算机网络的定义

计算机网络，就是将分布在不同地理位置的计算机、终端，通过通信设备和通信线路连接起来，在功能完善的网络软件（网络操作系统、通信协议及网络管理软件等）的协调下，实现互相通信、资源共享的系统。

计算机网络主要由网络硬件系统和网络软件系统组成。其中网络硬件系统主要包括：网络服务器、网络工作站、网络适配器、路由器、交换机传输介质等；网络软件系统主要包括：网络操作系统软件、网络通信协议、网络工具软件、网络应用软件等。

计算机网络的主要功能包括数据通信、资源共享和分布式处理等。其中数据通信是计算机网络最基本的功能，即实现不同地理位置的计算机与终端、计算机与计算机之间的数据传输；资源共享是建立计算机网络的主要目的，它包括网络中软件、硬件和数据资源的共享，是计算机网络最主要和最有吸引力的功能。

（二）计算机网络的发展阶段

1. 第一阶段：以单计算机为中心的联机终端系统

20世纪60年代中期之前的第一代计算机网络是以单个计算机为中心的远程联机系统。这类简单的"终端—通信线路—面向终端的计算机"系统，除了一台中央计算机外，其余的终端没有独立处理数据的功能，所以还不能算是真正意义上的计算机网络。典型应用是由一台计算机和全美范围内2000多个终端组成的飞机订票系统。终端是一台计算机的外部设备，包括显示器和键盘、无CPU（Central Processing Unit，中央处理器）和内存。随着远程终端的增多，在主机前增加了前端机。当时，人们把计算机网络定义为"以传输信息为目的而连接起来，实现远程信息处理或进一步达到资源共享的系统"，但这样的通信系统已具备了网络的雏形。

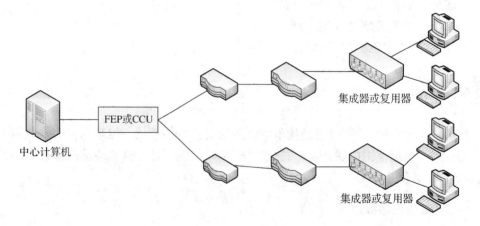

图1-1-1 以单计算机为中心的远程联机系统结构示意图

2. 第二阶段:以通信子网为中心的主机互联

20 世纪 60 年代中期,计算机网络不再局限于单计算机网络,许多单计算机网络相互连接形成了有多个单主机系统相连接的计算机网络。计算机网络将分布在不同地点的计算机通过通信线路互连成为计算机—计算机网络。联网用户不仅可以使用本地计算机的软件、硬件与数据资源,也可以使用网络中的其他计算机软件、硬件与数据资源,从而达到了资源共享的目的。1969 年 11 月,美国 ARPA(Advanced Research Projects Agency,国防部高级研究计划局)开始建立一个命名为 ARPANET 的网络。最初选择了加州大学洛杉矶分校、加州大学圣巴巴拉分校、斯坦福大学、犹他州大学四所大学的四台具有不同类型的大型计算机通过联网来测试实现共享资源的目的。作为 Internet 的早期骨干网,ARPANET 成功奠定了 Internet 存在和发展的基础,较好地解决了不同体系结构的计算机网络互联的一系列理论和技术问题。

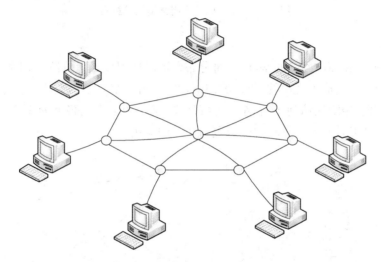

图 1 - 1 - 2 以多计算机为中心的网络结构示意图

3. 网络体系结构标准化阶段

1974 年,美国 IBM 公司提出了世界上第一个网络体系结构 SNA(System Network Architecture)。随后,国际上各种广域网、局域网与公用分组交换网技术发展迅速,各个计算机生产商纷纷发展自己的计算机网络、提出了各自的网络体系和协议标准。各种计算机网络怎么连接起来就显得相当的复杂,因此需要把计算机网络形成一个统一的标准,使之更好的连接,因此形成了体系结构标准化的计算机网络。

ISO(International Organization for Standardization,国际标准化组织)制订了 OSI/RM(Open System Interconnection/Reference Model,开放系统互连参考模型)成为研究和制订新一代计算机网络标准的基础。OSI 参考模型的研究对网络理论体系的形成与发展,以及在网络协议标准化研究方面起到了重要的推动作用。TCP/IP(Transmission Control Protocol/Internet Protocol,传输控制协议/因特网互联协议)经受了市场和用户的检验,吸引了大量的投资,推动了 Internet 应用的发展,成为业界标准。

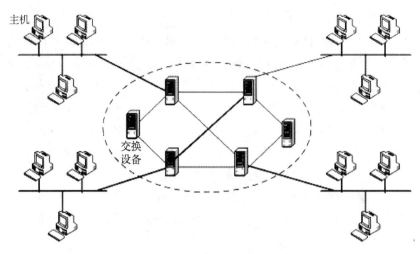

图 1-1-3　标准化网络结构示意图

4. 网络互连阶段

网络互连即在简单网络的基础上,将分布在不同地理位置,并且采用不同协议的网络相互连接起来,以构成大规模的、复杂的网络,使不同的网络之间能够在更大范围进行通信,让用户方便、透明地访问各种网络,达到更高层次的信息交换和资源共享。Internet为典型代表,特点是互连、高速、智能与更为广泛的应用。

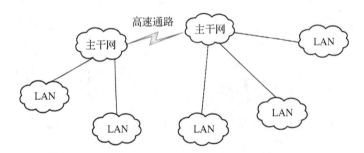

图 1-1-4　网络互联与高速网络结构示意图

二、计算机网络的特征

（一）计算机网络的分类

1. 按网络覆盖范围分类

根据网络的覆盖范围分 LAN(Local Area Network,局域网)、MAN(Metropolitan Area Network,城域网)、WAN(Wide Area Network,广域网)和 PAN(Personal Area Network,个人局域网)。

（1）个人局域网(PAN)

近年来,随着各种短距离无线通信技术的发展,人们提出了一个新的概念,即个人局域网(Personal Area Network，PAN)。

PAN 核心思想是,用无线电或红外线代替传统的有线电缆,实现个人信息终端的智能化互联,组建个人化的信息网络。从计算机网络的角度来看,PAN 是一个局域网;从电信网络的角度来看,PAN 是一个接入网,因此有人把 PAN 称为电信网络"最后一米"的解决方案。

PAN 定位在家庭与小型办公室的应用场合,其主要应用范围包括话音通信网关、数据通信网关、信息电器互联与信息自动交换等。PAN 的实现技术主要有:Bluetooth、IrDA(Infrared Data Association,红外数据组织)、Home RF(Home Radio Frequency,家庭网络无线射频技术)与 UWB(Ultra-Wideband Radio,超宽带无线通信技术)。

(2) 局域网(LAN)

局域网是目前网络技术发展最快的领域之一,用于将有限范围内(如一个实验室、一幢大楼、一个校园)的各种计算机、终端与外部设备互联成网,如图 1-1-5 和图 1-1-6 所示。20 世纪 90 年代局域网技术在传输介质、局域网操作系统与客户端/服务器应用方面取得了重要进展。局域网按照采用的技术、应用范围和协议标准的不同可以分为共享局域网与交换局域网。LAN 还具有高可靠性、易扩展、易管理及安全等多种特性。

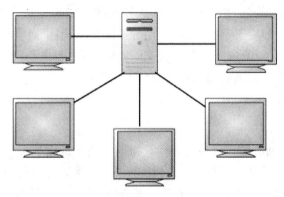

图 1-1-5 多台电脑组建局域网示意图

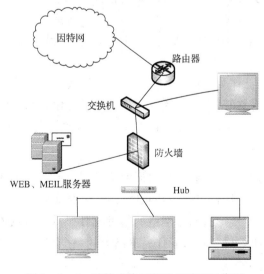

图 1-1-6 网络交换机组建局域网示意图

从局域网应用的角度看,局域网的特点主要有:局域网覆盖有限的地理范围,通常是由一个单位组建拥有的。如一个建筑物内、一个学校内、一个工厂的厂区内等。局域网提供高数据传输速率(10～1 000 Mb/s),低误码率的高质量数据传输环境。局域网的组建简单、灵活,使用方便。决定局域网特性的主要技术为网络拓扑、传输介质与介质访问控制方法。

(3) 城域网(MAN)

城市地区网络常简称为城域网。目标是要满足几十千米范围内的大型企业、机关、公司的多个局域网互联的需求,以实现大量用户之间的数据、语音、图形与视频等多种信息的传输功能。其实城域网基本上是一种大型的局域网,通常使用与局域网相似的技术,只是规模要大一些。把它单列为一类主要原因是它有单独的一个标准而且被应用了。

城域网地理范围可从几十千米到上百千米,既可以覆盖相距不太远的若干幢建筑,也可以覆盖整个城市,是一种中等形式的网络。

(4) 广域网(WAN)

广域网也称为远程网。它所覆盖的地理范围从几十千米到几千千米。广域网覆盖一个国家、地区,或横跨几个洲,形成国际性的远程网络。广域网的通信子网主要使用分组交换技术。广域网的通信子网可以利用公用分组交换网、卫星通信网和无线分组交换网,它将分布在不同地区的计算机系统互连起来,达到资源共享的目的。广域网的作用也正是连接了众多的局域网,从而使得相距遥远的人们也可以方便地共享对方的信息和资源。

2. 按通信介质分类

(1) 有线网

有线网是采用同轴电缆、双绞线、光纤等物理介质来传输数据的网络。其中,同轴电缆网具有价格便宜、安装便利等特点,但传输率和抗干扰能力一般;双绞线网是目前局域网中最常见的一种联网方式,具有价格便宜、安装方便等特点,但易受电磁信号的干扰、传输率低、传输距离短;光纤网采用光导纤维做传输介质,具有传输距离长、传输率高、抗干扰能力强等特点,所以它也是一种高安全性网络,只是价格高,安装较复杂。

有线网络有以下优点:传输速率高;传输距离远;受外界干扰小。

(2) 无线网

无线网是采用电磁波作为载体,以卫星、微波等无线形式来传输数据的网络。目前无线网费用高,还不太容易普及,但由于其联网方式灵活方便,因此是一种很有前途的技术。

无线网有以下优点:部署灵活;建设速度快;安装灵活方便;节约建设投资。

3. 按网络拓扑结构分类

网络拓扑结构可分为:星形网络、总线形网络、环形网络、网状网络、树型结构网络和混合型结构。图1-1-7给出了基本的网络拓扑结构的示意。

计算机网络的物理连接形式叫作网络的物理拓扑结构。连接在网络上的计算机、大容量的外存、高速打印机等设备均可看作是网络上的一个节点,也称为工作站。

(1) 星形拓扑结构

星形拓扑结构是以中央结点(公用中心交换设备,如交换机、集线器等)为中心与各结

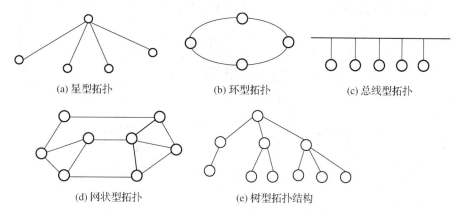

(a) 星型拓扑　　　　　(b) 环型拓扑　　　　　(c) 总线型拓扑

(d) 网状型拓扑　　　　　　(e) 树型拓扑结构

图 1-1-7　基本的网络拓扑结构的示意图

点连接而组成的,如图 1-1-8 所示。各个结点间不能直接通信,而是经过中央结点控制进行通信。星型网络中的一个结点如果向另一个结点发送数据,首先将数据发送到中央设备,然后由中央设备将数据转发到目标结点。这种结构适用于局域网,特别是近年来连接的局域网大都采用这种连接方式。这种连接方式以双绞线连接线路。

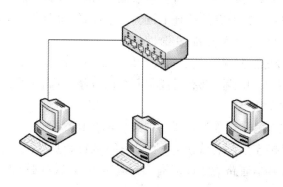

图 1-1-8　星型拓扑

星型拓扑结构的优点是:安装容易、结构简单、费用低,通常以集线器(Hub)作为中央节点,便于维护和管理。中央节点的正常运行对网络系统来说是至关重要的。

星型拓扑结构的缺点是:共享能力较差、通信线路利用率不高、中央结点负担过重。

(2) 环形拓扑结构

环形拓扑结构是环形网中各结点通过环路接口连在一条首尾相连的闭合环形通信线路中,如图 1-1-9 所示。环路上任何结点均可以请求发送信息。请求一旦被批准,便可以向环路发送信息。每个结点设备只能与它相邻的一个或两个结点设备直接相连。如果要与网络中的其他结点通信,数据需要依次经过两个通信结点之间的每个设备。环型结构有两种类型,即单环结构和双环结构。单环结构型网络的数据绕着环向一个方向发送,数据所到达的环中的每个设备都将数据接收经再生放大后将其转发出去,直到数据到达目标结点为止。令牌环(Token Ring)是单环结构的典型例子。双环结构型网络中的数据能在两个方向上进行传输,因此设备可以和两个邻近结点直接通信。如果一个方向的环中断了,数据还可以在相反的方向在环中传输,最后到达其目标结点。光纤分布数据接口（FDDI）是双环结构的典型例子。这种结构特别适用于实时控制的局域网系统。

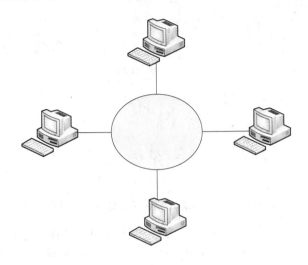

图 1-1-9　环型拓扑

环型拓扑结构的优点是：安装容易，费用较低。有些网络系统为了提高通信效率和可靠性，采用了双环结构，即在原有的单环上再套一个环，使每个节点都具有两个接收通道，简化了路径选择的控制、可靠性较高、实时性强。

环型拓扑结构的缺点是：结点过多时传输效率低，两个节点之间仅有唯一的路径，扩充性差，任何线路或结点的故障，都有可能引起全网故障，可靠性差且故障检测困难。

（3）总线型拓扑结构

总线型拓扑结构采用一条称为总线的中央主电缆作为公共的传输通道，所有的结点都通过相应的接口直接连接到总线上，并通过总线进行数据传输，如图 1-1-10 所示。总线拓扑结构是一种共享通路的物理结构。普遍用于局域网的连接，总线一般采用同轴电缆或双绞线。

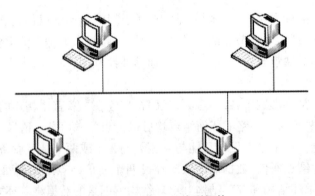

图 1-1-10　总线型拓扑

总线型网络由于所有结点共享同一条公共通道，所以在任何时候只允许一个站点发送数据。当一个结点在发送数据时，其他结点不能向总线发送数据，但可以接收总线正在传输的数据。各站点在接收数据后，分析目的物理地址再决定是否接收或丢弃该数据。

总线拓扑结构的优点是：安装容易，扩充或删除一个节点很容易，不需要停止网络的正常工作，节点的故障不会殃及系统；由于各个节点共用一个总线作为数据通路，信道的利用率高；结构简单灵活、便于扩充、可靠性高、响应速度快；设备量少、价格低、安装使用方便、共享资源能力强、便于广播式工作。

总线拓扑结构也有其缺点：由于信道共享，连接的节点不宜过多，并且总线自身的故障可以导致系统的崩溃。总线长度有一定限制，一条总线也只能连接一定数量的结点。

（4）网状拓扑结构

网状拓扑结构是指将各网络结点与通信线路连接成不规则的形状，每个结点至少与其他一个结点相连，如图 1－1－11 所示。大型互联网一般都采用这种结构。

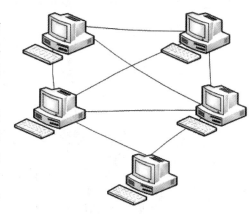

网状拓扑结构的优点：可靠性高，资源共享方便，因为有多条路径，所以可以选择最佳路径，减少时延，改善流量分配，提高网络性能，在好的通信软件支持下通信效率高。

网状拓扑结构的缺点：结构复杂、不易管理和维护、线路成本高、软件控制麻烦。

图 1－1－11　网状拓扑

（5）树型拓扑结构

树型拓扑结构（也称星型总线拓扑结构）是从总线型和星型结构演变来的，如图 1－1－12 所示。网络中的结点设备都连接到一个中央设备（如交换机或集线器）上，但并不是所有的结点都直接连接到中央设备，大多数的结点首先连接到一个接入级设备，接入级设备再由中央设备连接。

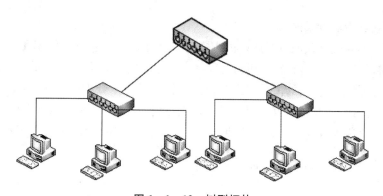

图 1－1－12　树型拓扑

树型拓扑结构有两种类型：一种是由总线型拓扑结构派生出来的，它是由多条总线连接而成；另一种是星型结构的变种，各结点按一定的层次连接起来，形状像一棵倒置的树。在树型结构的顶端有一个根结点，它带有分支，每个分支还可以再带分支。

树型拓扑结构的优点是易于扩展，容易隔离故障，可靠性高。

树型拓扑结构的缺点是：电缆成本高，对根结点的依赖性大，一旦根结点出现故障，连接在根结点的各个分支之间就不能进行通信。

混合型拓扑结构是由以上几种拓扑结构混合而成的,如图 1-1-13 环星型结构所示,它是令牌环网和 FDDI 网常用的结构。

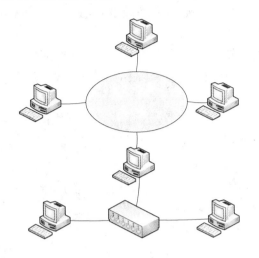

图 1-1-13 环星型拓扑

4. 按通信传播方式分类

(1) 广播传播方式网

在广播式网络中仅使用一条通信信道,该信道由网络上的所有结点共享,任何一个结点都可以发送数据分组,传到每台机器上,被其他所有结点接收。这些机器根据数据包中的目的地址进行判断,如果是发给自己的则接收,否则便丢弃它。主要有以同轴电缆连接起来的共享总线网络和以无线、微波、卫星方式传播的广播网。总线型以太网就是典型的广播式网络。

(2) 点到点传播方式网

以点到点的连接方式把各个计算机连接起来的网络,与广播式网络相反,点到点网络由许多互相连接的结点构成,在每对机器之间都有一条专用的通信信道,因此在点到点的网络中,不存在信道共享与复用的情况。当一台计算机发送数据分组后,它会根据目的地址,经过一系列的中间设备的转发,直至到达目的结点,这种传输技术称为点到点传输技术,采用这种技术的网络称为点到点网络。这种传播方式的主要拓扑结构有星形、树形、环形、网形。

(二) 计算机网络的性能评价

1. 可靠性

在一个网络系统中,当一台计算机出现故障时,可立即由系统中的另一台计算机来代替其完成所承担的任务。同样,当网络的一条链路出了故障时可选择其他的通信链路进行连接。

2. 高效性

计算机网络系统摆脱了中心计算机控制结构数据传输的局限性,并且信息传递迅速,系统实时性强。网络系统中各相连的计算机能够相互传送数据信息,使相距很远的用户之间能够即时、快速、高效、直接地交换数据。

3. 独立性

网络系统中各相连的计算机是相对独立的,它们之间的关系是既互相联系,又相互独立。

4. 扩充性

在计算机网络系统中,人们能够很方便、灵活地接入新的计算机,从而达到扩充网络系统功能的目的。

5. 廉价性

计算机网络使微机用户也能够分享到大型机的功能特性,充分体现了网络系统的"群体"优势,能节省投资和降低成本。

6. 分布性

计算机网络能将分布在不同地理位置的计算机进行互连,可将大型、复杂的综合性问题实行分布式处理。

7. 易操作性

对计算机网络用户而言,掌握网络使用技术比掌握大型机使用技术简单,实用性也很强。

(三) 计算机网络的应用

1. 校园网

校园网是在大学校园区内用以完成大中型计算机资源及其他网内资源共享的通信网络。一些发达国家已将校园网确定为信息高速公路的主要分支。无论在国内还是国外,校园网的存在与否,是衡量该院校学术水平与管理水平的重要标志,也是提高高等学校教学、科研水平不可或缺的重要支撑环节。

共享资源是校园网最基本的应用,人们通过网络更有效地共享各种软、硬及信息资源,为众多的科研人员提供一种崭新的合作环境。校园网可以提供异型机联网的公共计算环境、海量的用户文件存储空间、昂贵的打印输出设备、能方便获取的图文并茂的电子图书信息,以及为各级行政人员服务的行政信息管理系统和为一般用户服务的电子邮件系统。

2. 信息高速公路

如同现代信息高速公路的结构一样,信息高速公路也分为主干、分支及树叶。图像、声音、文字转化为数字信号在光纤主干线上传送,由交换技术再送到电话线或电缆分支线上,最终送到具体的用户"树叶"。主干部分由光纤及其附属设备组成,是信息高速公路的骨架。

我国政府也十分重视信息化事业,为了促进国家经济信息化,提出过"金桥"工程-国家公用经济信息网工程、"金关"工程—外贸专用网工程、"金卡"工程-电子货币工程。这些工程是规模宏大的系统工程,其中的"金桥工程"是国民经济的基础设施,也是其他"金"

字系列工程的基础。

"金桥"工程包含信息源、信息通道和信息处理三个组成部分,通过卫星网与地面光纤网开发,并利用国家及各部委、大中型企业的信息资源为经济建设服务。"金卡"工程是在金桥网上运行的重要业务系统之一,主要包括电子银行及信用卡等内容。"金卡"工程又称为无纸化贸易工程,其主要实现手段为 EDI,它以网络通信和计算机管理系统为支撑,以标准化的电子数据交换替代了传统的纸面贸易文件和单证。其他的一些"金"字系列工程,如"金税"工程、"金智"工程、"金盾"工程等亦在筹划与运作之中。这些重大信息工程的全面实施,在国内外引起了强烈反响,开创了我国信息化建设事业的新纪元。

3. 企业网络

集散系统和计算机集成制造系统是两种典型的企业网络系统。

集散系统实质上是一种分散型自动化系统,又称作以微处理机为基础的分散综合自动化系统。集散系统具有分散监控和集中综合管理两方面的特征,而更将"集"字放在首位,更注重于全系统信息的综合管理。20 世纪 80 年代以来,集散系统逐渐取代常规仪表,成为工业自动化的主流。工业自动化不仅体现在工业现场,也体现在企业事务行政管理上。集散系统的发展及工业自动化的需求,导致了一个更庞大、更完善的计算机集成制造系统 CIMS(Computer Integrated Manufacturing System)的诞生。

集散系统一般分为三级:过程级、监控级和管理信息级。集散系统是将分散于现场的以微机为基础的过程监测单元、过程控制单元、图文操作站及主机集成在一起的系统。它采用了局域网技术,将多个过程监控、操作站和上位机互连在一起,使通信功能增强,信息传输速度加快,吞吐量加大,为信息的综合管理提供了基础。因为 CIMS 具有提高生产率、缩短生产周期等一系列极具吸引力的优点,所以已经成为未来工厂自动化的方向。

4. 智能大厦和结构化综合布线系统

智能大厦(Intelligent Building)是近十年来新兴的高技术建筑形式,它集计算机技术、通信技术、人类工程学、楼宇控制、楼宇设施管理为一体,使大楼具有高度的适应性,以适应各种不同环境与不同客户的需要。智能大厦是以信息技术为主要支撑的,这也是其具有"智能"之名称的由来。有人认为具有"三 A"的大厦,可视为智能 大厦。所谓"三 A"就是 CA(通信自动化)、OA(办公自动化)和 BA(楼宇自动化)。概括起来,可以认为智能大厦除有传统大厦功能之外,主要必须具备下列基本构成要素:高舒适的工程环境、高效率的管理信息系统和办公自动化系统、先进的计算机网络和远距离通信网络及楼宇自动化。智能大厦及计算机网络的信息基础设施是结构化综合布线系统 SCS(Structure Cabling System)。在建设计算机网络系统时,布线系统是整个计算机网络系统设计中不可分割的一部分,它关系到日后网络的性能、投资效益、实际使用效果以及日常维护工作。结构化布线系统是指在一个楼宇或楼群中的通信传输网络能连接所有的话音、数字设备,并将它们与交换系统相连,构成一个统一、开放的结构化布线系统。在综合布线系统中,设备的增减、工位的变动,仅需通过跳线简单插拔即可,而不必变动布线本身,从而大大方便了管理、使用和维护。

（四）计算机网络的性能指标

计算机网络的性能指标从不同的方面来度量计算机网络的性能,下面介绍常用的七个性能指标。

1. 速率(最高的注入速率)

网络技术中的速率是指连接在计算机网络上的主机在数字信道上传送数据的传输速率,也称为数据率(data rate)或比特率(bit rate)。速率的单位是 b/s(比特每秒)(或 bit/s,有时也写成 bps,即 bit per second)。日常生活中所说的常常是额定速率或标称速率,不是指实际通信时的速率,而且常常省略,例如 100M 以太网等。速率是计算机网络中最重要的一个性能指标。

2. 带宽(最高的注入速率)

计算机网络中,带宽用来表示网络的通信线路所能传送数据的能力,因此网络带宽表示在单位时间内从网络中的某一点到另一点所能通过的"最高数据率"。带宽的单位是 b/s(比特每秒)。在这种单位的前面也常常加上千(k)、兆(M)、吉(G)或太(T)这样的倍数。

当带宽或发送速率提高后,比特在链路上向前传播的速率并没有提高,只是每秒钟注入链路的比特数增加。"速率提高"就体现在单位时间内发送到链路上的比特数增多了,而并不是比特在链路上跑得更快。

3. 吞吐量(实际的注入速率)

吞吐量表示在单位时间内实际通过某个网络(或信道、接口)的数据量。吞吐量更经常的用于对现实世界中的网络的一种测量,以便知道实际到底有多少数据能够通过网络;显然吞吐量将受到带宽或网络的额定速率的限制。例:对于一个 100 Mbps 的以太网,其额定速率是 100 Mbps,那么这个数值也是该以太网的吞吐量的绝对上限值。因此,对 100 Mbps 的以太网,它的典型吞吐量可能只有 70 Mbps。吞吐量的单位是 b/s(比特每秒)或 B/s(字节每秒),吞吐量的增大将会增加时延。

4. 时延

时延是指数据(一个报文或分组,甚至比特)从网络的一端传送到另一端所需的时间。有时也称为延迟或迟延。网络中的时延是由发送时延、传播时延、处理时延和排队时延几个部分组成的。数据在网络中经历的总时延就是这四种时延之和。

5. 时延带宽积

将上述所讲的时延和带宽相乘后便得时延带宽积。即传播的时延带宽积:

$$时延带宽积 = 传播时延 \times 带宽$$

链路的时延带宽积又称为以比特为单位的链路长度。对于一条正在传输数据的链路,只有在代表链路的管道都充满比特时,链路才得到充分利用,此时也就是时延带宽积较大。

6. 往返时间(Round-Trip Time,RTT)

往返时间也是一个非常重要的指标,它表示从发送方发送数据开始,到发送方收到来自接收方的确认,总共经历的时间。在互联网中 RTT 还包括中间各节点的处理时延、排队时延以及转发数据时的发送时延。

7. 利用率

利用率有信道利用率和网络利用率两种。信道利用率指出某信道有百分之几的时间是被利用的(有数据通过)。完全空闲的信道的利用率为零。信道利用率并非越高越好,因为当某信道的利用率增大时,该信道引起的时延也就迅速增加。下面假定在适当的条件下有如下表达式:

$$D(\text{当前延迟}) = \frac{D_0(\text{信道空闲时的时延})}{1-U(\text{信道利用率})}$$

由此我们可以看到,当 U 接近于 1 时,时延会趋于无穷大。由此我们可以知道:信道或网络利用率过高会产生非常大的时延。

 任务评估

自我小结			
软件使用情况	□☺	□☺	□☹
要点掌握情况	□☺	□☺	□☹
知识拓展情况	□☺	□☺	□☹
我的收获			
存在问题			
解决方法			

任务二 认识常用网络设备

 任务描述

在网络中心,李明见到了校园网中的各种设备。在老师的介绍下,他知道了这些设备的名称,简单了解了它们的作用。但若要对校园网有更深的了解,他需要进一步明确各种设备和它的具体功能。

 任务目标

◇ 掌握网卡的功能与分类;
◇ 理解交换机的工作过程;
◇ 理解路由器的功能;
◇ 掌握调制解调器的分类;
◇ 了解无线 AP 的作用;
◇ 了解防火墙的功能。

 预备知识

一、网络适配器

网络适配卡又称网络接口卡,也叫网络适配器,简称网卡。提供了计算机和网络线缆之间的物理接口。网卡是局域网中最基本的部件之一,是连接计算机与网络的硬件设备。无论是双绞线、同轴电缆还是光纤连接,都必须通过网卡才能实现数据通信。如图 1 - 2 - 1 所示。

图 1 - 2 - 1 RJ - 45 接口网卡

网络中的每块网卡都有自己的地址,以便与网络上的其他网卡区分开。网卡地址由 IEEE(Institute of Electrical and Electronics Engineers,美国电气和电子工程师协会)委员会决定,该委员会为每一个生产网卡的厂商分配一段网络适配器地址,称 MAC(Media Access Control)地址,又叫物理地址,实质就是网卡的编号。该编号由 6 字节(48 位)二进制数组成,现在 IEEE 的注册管理机构 RA(Registration Authority)是局域网全球地址的法定管理机构,它负责分配地址字段的 6 个字节中的前三个字节(即高位 24 位)。MAC 地址的后 3 个字节则是由生产商自行指派。生产商生产网卡时将该地址写入网卡芯片中,这样网络上的每台计算机都有一个唯一的地址。

查看本地主机的 MAC 地址的方法是，"开始"—"运行"—"cmd"，在打开的 DOS 窗口中输入"ipconfig/all"，"本地连接"下面的"Physical address"的数值即是，如图 1 - 2 - 2 所示。

```
C:\WINDOWS\system32\cmd.exe

C:\Documents and Settings\student>ipconfig/all

Windows IP Configuration

        Host Name . . . . . . . . . . . . : JD40340
        Primary Dns Suffix  . . . . . . . :
        Node Type . . . . . . . . . . . . : Unknown
        IP Routing Enabled. . . . . . . . : No
        WINS Proxy Enabled. . . . . . . . : No

Ethernet adapter 本地连接:

        Connection-specific DNS Suffix  . :
        Description . . . . . . . . . . . : Realtek RTL8168C<P>/8111C<P> PCI-E G
igabit Ethernet NIC
        Physical Address. . . . . . . . . : 00-22-64-A9-63-25
        Dhcp Enabled. . . . . . . . . . . : No
        IP Address. . . . . . . . . . . . : 192.168.43.140
        Subnet Mask . . . . . . . . . . . : 255.255.255.0
        Default Gateway . . . . . . . . . : 192.168.33.1
        DNS Servers . . . . . . . . . . . : 192.168.8.2

C:\Documents and Settings\student>
```

图 1 - 2 - 2　ipconfig 运行界面

无线网卡是无线局域网中，通过无线的方式进行网络连接的无线终端设备。无线网卡与普通网卡的功能一样，只是前者在传输数据时依靠无线传输介质，而后者传输数据时则借助于有线传输介质。

根据无线局域网的技术规范，目前的无线网卡主要包括 802.11b 和 802.11g 两种。而按照接口类型来划分则无线网卡分为 PCMCIA 无线网卡、PCI 接口无线网卡和 USB 接口无线网卡三种。

PCI 接口无线网卡用于台式机，可以直接插在台式机主板的 PCI 插槽中，如图 1 - 2 - 3所示。

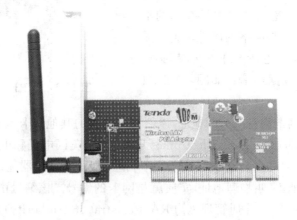

图 1 - 2 - 3　无线网卡

USB 接口无线网卡则既可以用于笔记本电脑，又可以用于台式机，具有即插即用、携带方便、使用灵活等特点,受到了更多的用户青睐,如图1-2-4所示。

图1-2-4 USB网卡　　　　　　　图1-2-5 PCMCIA网卡

PCMCIA(Personal Computer Memory Card International Association,PC 机内存卡国际联合会)无线网卡属于笔记本电脑专用网卡,除了具备轻巧、方便携带、设备支持广泛的优点,PCMCIA 卡还拥有与 USB 外设相同的"热拔插(Hot Plugging)"功能,可以在电脑开机状态下安装和卸载,并能自动通知操作系统更新设备,这对于注重移动性的笔记本电脑而言,是相当有利的,如图1-2-5所示。

目前,PCMCIA 接口已是笔记本电脑的标准接口之一,基于该方式设计的 PCMCIA无线网卡均得到了很好的支持,一般不会出现兼容性问题。这也是市场上 PCMCIA 无线网卡产品齐全、种类繁多的原因。

二、交换机

(一)二层交换机

交换机(Switch)拥有一条很高带宽的背部总线和内部交换矩阵。二层交换机,如图1-2-6所示,属于数据链路层设备,根据数据帧中的目的 MAC 地址对数据帧进行转发,并将数据帧的源 MAC 地址和所对应的端口记录下来。

图1-2-6 思科 c2960 二层百兆交换机

具体的工作过程如下:当交换机的某个端口收到一个数据帧,它先读取帧首部中的目的 MAC 地址,在转发表中查找该地址对应的端口。如果转发表中已有同该目的MAC 地址对应的端口,则把数据帧输出到该端口上;如果转发表中找不到同该目的MAC 地址对应的端口,则把数据帧广播到除入端口以外的所有端口上,交换机再读取帧的源 MAC 地址,用该源 MAC 地址和入端口更新转发表中的记录,由此学习到网中各个端系统的 MAC 地址。总之,交换机是一种基于 MAC 地址识别,能完成封装转发数据包功能的网络设备。交换机可以"学习"MAC 地址,并把其存放在内部地址表中,通过在数据帧的始发者和目标接收者之间建立临时的交换路径,使数据帧直接由源地址到达目的地址。

使用交换机也可以把网络"分段",通过对照 MAC 地址表,交换机只允许必要的网络流量通过交换机。通过交换机的过滤和转发,可以有效地隔离广播风暴,减少误包和错包的出现,避免共享冲突。

广义的交换机就是一种在通信系统中完成信息交换功能的设备。在计算机网络系统中,交换概念的提出是对于共享工作模式的改进。集线器(HUB)就是一种共享设备,HUB 本身不能识别目的地址,当同一局域网内的 A 主机给 B 主机传输数据时,数据包在以 HUB 为架构的网络上是以广播方式传输的,由每一台终端通过验证数据包头的地址信息来确定是否接收。也就是说,在这种工作方式下,同一时刻网络上只能传输一组数据帧的通讯,如果发生碰撞还得重试。这种方式就是共享网络带宽。

交换机在同一时刻可进行多个端口对之间的数据传输。每一端口都可视为独立的网段,连接在其上的网络设备独自享有全部的带宽,无须同其他设备竞争使用。当节点 A 向节点 D 发送数据时,节点 B 可同时向节点 C 发送数据,而且这两个传输都享有网络的全部带宽,都有着自己的虚拟连接。假使这里使用的是 10 Mbps 的以太网交换机,那么该交换机这时的总流通量就等于 2×10 Mbps $= 20$ Mbps,而使用 10 Mbps 的共享式HUB 时,一个 HUB 的总流通量也不会超出 10 Mbps。

(二)三层交换机

虚拟局域网是一个逻辑广播域,为了避免在网络大范围进行广播所引起的广播风暴,可将网络划分为多个虚拟局域网,在一个虚拟局域网中,由一个端节点发出的广播帧只能发送到属于相同虚拟局域网内的其他端节点,另外的虚拟局域网中的节点收不到这些广播帧。VLAN 可控制网络上的广播风暴,增加网络的安全性,便于集中化的管理控制等。

图 1-2-7　思科 48 口三层交换机

但是,采用虚拟局域网技术也引发了一些新问题。在交换式局域网环境下将用户划分在不同虚拟网上,虚拟网之间的通信是不被二层交换机所允许的,这也包括虚拟网之间ARP(Address Resolution Protocol,地址解析)功能的传送。一种解决方式是采用路由器进行虚拟网互联。但矛盾的是:用二层交换机虽速度快,但不能解决广播风暴问题;采用VLAN 技术可以解决广播风暴问题,但又要用路由器来解决虚拟网之间的互通;而采用路由器会增加路由选择时间,降低数据传输效率,而且路由器价格昂贵,结构复杂,一旦需要增加子网就要增加路由器的端口,使得成本增加。为了解决这个矛盾出现了第三层交换技术。

所谓三层交换机是指将第三层路由功能和第二层交换功能进行有机组合而成的设备。与路由有关的第三层功能由硬件模块和配合于硬件的定制软件实现。三层交换技术就是二层交换技术+三层转发技术,如图 1-2-8 所示。

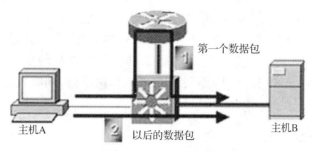

第一个数据包

主机A

以后的数据包

主机B

图1-2-8 三层交换技术

三、路由器

路由器(Router)工作在 OSI 体系结构中的网络层,如图1-2-9所示。通常用于局域网和广域网的互联,或者实现在同一点上两个以上局域网的互联。路由器的功能比数据链路层的设备要强得多。路由器不但能过滤和分隔网络信息流、连接网络分支,还能访问数据包中更多的信息。路由器根据网络层地址(Internet Protocol Address,IP 地址)进行信息的转发,路由与交换是路由器的两大基本功能,并且能够隔离广播域,阻止"广播风暴"传递到整个网络,更强的异种网络互联能力。

图1-2-9 宽带路由器

路由与交换是路由器的两大基本功能,作为网络层的网络互联设备,路由器尤其在网络互联中起到了不可缺的作用,下面介绍其中的主要功能。

1. 提供异构网络的互联

从网络互联设备的基本功能来看,路由器具备了非常强的在物理上扩展网络的能力,由于一个路由器在物理上可以提供与多种网络的接口,从而可以支持各种异构网络的互联,包括 LAN-LAN、LAN-MAN、LAN-WAN、MAN-MAN 和 WAN-WAN 等多种互联方式,事实上,正是路由器这种强大的支持异构网络互联的能力才使其成为 Internet 上的核心设备。

2. 实现网络的逻辑划分

除了在物理上扩展网络,路由器还提供了在逻辑上划分网络的强大功能。路由器不同接口所连的网络属于不同的冲突域,即从划分冲突域的能力来看,路由器具有和第二层交换机相同的功能。不仅如此,路由器还具有不转发第二层广播和多播、隔离广播流量的功能。即路由器每个接口所连的网段均属于不同的广播域。

3. 实现 VLAN 之间的通信

尽管 VLAN 限制了网络之间的不必要的通信,但 VLAN 之间的一些必要通信还是需要提供的。在任何一个实施 VLAN 的网络环境中,不仅要为不同 VLAN 之间的必要通信提供手段,还要为 VLAN 的访问网络中的其他共享资源提供途径。第三层的网络设备可以基于第三层的协议或逻辑地址进行数据包的路由与转发,从而可提供在不同 VLAN 之间以及 VLAN 与传统 LAN 之间进行通信的功能,同时也为 VLAN 提供访问网络中的共享资源提供途径。

四、调制解调器

调制解调器(即 Modem)是计算机与电话 线之间进行信号转换的装置,由调制器和解调器两部分组成,如图 1-2-10 所示。调制器是把计算机的数字信号(如文件等)调制成可在电话线上传输的模拟信号的装置,在接收端,解调器再把声音信号转换成计算机能接收的数字信号。

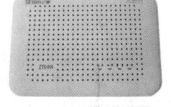

图 1-2-10　调制解调器

目前 Modem 主要有两种:内置式和外置式。

1. 内置式 Modem

内置式 Modem 其实就是一块计算机的扩展卡,插入计算机内的一个扩展槽即可使用。它的连线相当简单,把电话线接头插入卡上的"line"插口,卡上另一个接口"phone"则与电话机相连,平时不用 Modem 时,电话机使用一点也不受影响,如图 1-2-11 所示。

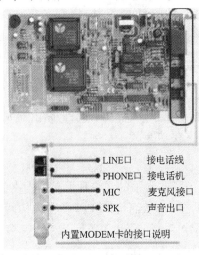

图 1-2-11　内置式 MODEM

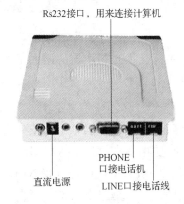

图 1-2-12　外置式 Modem

2. 外置式 Modem

外置式 Modem 的连接也很方便,phone 和 line 的接法同内置式 Modem,但外置式 Modem 除另需外接电源线外,还得用一根串行电缆把计算机的一个串行口和 Modem 串行口连起来,这根串行线一般随外置式 Modem 配送,如图 1-2-12 所示。

五、无线 AP

无线 AP(Access Point,无线接入点),其作用类似于以太网中的集线器,如图

1-2-13所示。它是用于无线网络的无线交换机,也是无线网络的核心。无线 AP 是使用无线设备(手机等移动设备及笔记本电脑等无线设备)进入有线网络的接入点,主要用于宽带家庭、大楼内部以及园区内部,典型距离覆盖几十米至上百米,也有可以用于远距离传送,目前主要技术为 802.11 系列。大多数无线 AP 还带有接入点客户端模式(AP client),可以和其他 AP 进行无线连接,延展网络的覆盖范围。

图 1-2-13　无线 AP

无线 AP 是一个包含很广的名称,它不仅包含单纯的无线接入点,也同样是无线路由器(含无线网关、无线网桥)等设备的统称。它主要是提供无线工作站对有线局域网和从有线局域网对无线工作站的访问,在访问接入点覆盖范围内的无线工作站可以通过它进行相互通信。

无线 AP 应用于大型公司比较多,大的公司需要大量的无线访问节点实现大面积的网络覆盖,同时所有接入终端都属于同一个网络,也方便公司网络管理员简单地实现网络控制和管理。

六、防火墙

(一)什么是防火墙

防火墙(Firewall)是指设置在不同网络(如可信任的企业内部网和不可信的公共网)或网络安全域之间的一系列部件的组合。它可通过监测、限制、更改跨越防火墙的数据流,尽可能地对外部屏蔽网络内部的信息、结构和运行状况,以此来实现网络的安全保护。在逻辑上,防火墙是一个分离器,一个限制器,也是一个分析器,有效地监控了内部网和 Internet 之间的任何活动,保证了内部网络的安全,如图 1-2-14 所示。

图 1-2-14　思科防火墙

防火墙,是一种硬件设备或软件系统,主要架设在内部网络和外部网络间,为了防止外界恶意程序对内部系统的破坏,或是阻止内部重要信息向外流出,有双向监督的功能。借由防火墙管理员的设定,可以弹性地调整安全性的等级,在网络设备中,是指硬件防火墙。硬件防火墙是指把防火墙程序做到芯片里面,由硬件执行这些功能,能减少 CPU 的负担,使路由更稳定。硬件防火墙是保障内部网络安全的一道重要屏障,它的安全和稳定，直接关系到整个内部网络的安全。系统中存在的很多隐患和故障在暴发前都会出现这样或那样的苗头，例行检查的任务就是要发现这些安全隐患，并尽可能将问题定位，方便问题的解决。

（二）防火墙的种类

防火墙总体上分为数据包过滤、应用级网关和代理服务器等几大类型。

1. 数据包过滤

数据包过滤（Packet Filtering）技术是在网络层对数据包进行选择，选择的依据是系统内设置的过滤逻辑，被称为访问控制列表（Access Control Liste）。通过检查数据流中每个数据包的源地址、目的地址、所用的端口号、协议状态等因素，或它们的组合来确定是否允许该数据包通过。数据包过滤防火墙逻辑简单，价格便宜，易于安装和使用，网络性能和透明性好，它通常安装在路由器上。路由器是内部网络与 Internet 连接必不可少的设备，因此在原有网络上增加这样的防火墙几乎不需要任何额外的费用。数据包过滤防火墙的缺点有二：一是非法访问一旦突破防火墙，即可对主机上的软件和配置漏洞进行攻击；二是数据包的源地址、目的地址以及 IP 的端口号都在数据包的头部，很有可能被窃听或假冒。

2. 应用网关

应用网关（Application Gateways）是在网络应用层上建立协议过滤和转发功能。它针对特定的网络应用服务协议使用指定的数据过滤逻辑，并在过滤的同时，对数据包进行必要的分析、登记和统计，形成报告。实际中的应用网关通常安装在专用工作站系统上。数据包过滤和应用网关防火墙有一个共同的特点，就是它们仅仅依靠特定的逻辑判定是否允许数据包通过。一旦满足逻辑，则防火墙内外的计算机系统建立直接联系，防火墙外部的用户便有可能直接了解防火墙内部的网络结构和运行状态，这有利于实施非法访问和攻击。

3. 代理服务

代理服务（Proxy Service）也称链路级网关或 TCP 通道（Circuit Level Gateways or TCP Tunnels），也有人将它归于应用级网关一类。它是针对数据包过滤和应用网关技术存在的缺点而引入的防火墙技术，其特点是将所有跨越防火墙的网络通信链路分为两段。防火墙内外计算机系统间应用层的"链接"，由两个终止代理服务器上的"链接"来实现，外部计算机的网络链路只能到达代理服务器，从而起到了隔离防火墙内外计算机系统的作用。此外，代理服务也对过往的数据包进行分析、注册登记，形成报告，同时当发现被攻击迹象时会向网络管理员发出警报，并保留攻击痕迹。

 任务评估

自我小结			
软件使用情况	□☺	□☺	□☹
要点掌握情况	□☺	□☺	□☹
知识拓展情况	□☺	□☺	□☹
我的收获			
存在问题			
解决方法			

任务三　认识常见传输介质

 任务描述

　　校园网中各个机房、教师办公室的计算机及其设备都是通过什么介质连在一起相互通信的？在这节任务中带你了解认识网络传输介质的性质和各种传输介质的传输特点。

 任务目标

　　◇ 掌握双绞线的特点；
　　◇ 了解同轴电缆的特点；

◇ 掌握光纤的特点及分类；
◇ 了解各种无线传输介质的特点；
◇ 了解移动通信网络的特点和通信技术。

 预备知识

一、计算机网络传输介质

组建计算机网络,最关键的是选择采用什么样的传输介质和网络连接设备,这些选择不仅关系到计算机网络的性能,而且关系到组建网络的成本。计算机网络传输介质可以按传输方式分为有线传输介质和无线传输介质两类。

（一）有线传输介质

有线传输介质通常按介质种类分为三种:同轴电缆、双绞线、光纤。

1. 双绞线

双绞线(Twisted Pair)由螺旋状扭在一起的两根绝缘导线组成,线对扭在一起可以减少相互之间的电磁辐射干扰。双绞线是最常用的传输介质,如图 1-3-1 所示。

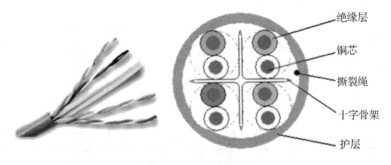

绝缘层
铜芯
撕裂绳
十字骨架
护层

图 1-3-1 双绞线缆

（1）双绞线特性

双绞线既可以用于模拟信号传输,也可用于数字信号传输。可分为非屏蔽双绞线(Unshielded Twisted Pair,UTP)和屏蔽双绞线(Shielded Twisted Pair,STP)两种。非屏蔽双绞线内无金属膜保护四对双绞线,因此,对电磁干扰的敏感性较大,电气特性较差,由集线器(Hub)到工作站的最大连接距离为 100 m,传输速率为 10～100 Mbps。双绞线的价格低于其他传输介质,并且安装、维护方便。

屏蔽双绞线(STP)内有一层金属膜作为保护层,可以减少信号传送时所产生的电磁干扰,价格相对比 UTP 贵。STP 适用于令牌环网络中。

由于双绞线电缆具有直径小、重量轻、易弯曲、易安装,具有阻燃性、独立性和灵活性,将串扰减至最小等优点,因此在计算机网络布线中应用极为广泛。当然,由于其传输距离短、传输速率较慢等,因此还需要与其他传输介质配合使用。

（2）双绞线的种类

国际电气工业协会（Electronic Industries Association，EIA）根据双绞线的特性进行了分类，主要有1类、2类、3类、4类、5类、超5类、6类，各类双绞线的主要特性和应用如表1-3-1所示。

表1-3-1 各类双绞线的主要特性和应用

类 型	传输速率/bps	传输信号类型	应用
1类	20 K	模拟信号	电话线路
2类	1 M	模拟信号和1 M的数字信号	一般通信线路
3类	10 M	模拟信号和数字信号	以太网和令牌环网
4类	20 M	模拟信号和数字信号	令牌环网
5类	100 M	模拟信号和高速数字信号	高速以太网、ATM
超5类	155 M	模拟信号和高速数字信号	高速以太网、ATM
6类	200 M	模拟信号和高速数字信号	高速以太网、ATM

2. 同轴电缆

同轴电缆（Coaxial Cable）也像双绞线一样，由一对导体按同轴形式构成线对，其结构如图1-3-2所示。最里层是内芯，依次是绝缘层、屏蔽层和起保护作用的塑料外壳。内芯和屏蔽层构成一对导线。

 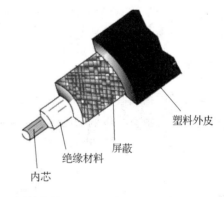

塑料外皮

屏蔽

绝缘材料

内芯

图1-3-2 同轴电缆

同轴电缆分为基带（baseband）和宽带（broadband）。基带同轴电缆又分粗缆和细缆两种，都用于传输数字信号，数据传输速率最高可达10 Mb/s。宽带同轴电缆用于频分多路复用的模拟信号传输，也可用于不使用频分多路复用的数字信号和模拟信号的传输，对于模拟信号，带宽可达300～450 MHz。

3. 光纤

光纤是光导纤维（Fiber Optics）的简称，它由能传导光波的石英玻璃纤维，外加保护层构成，相对金属导线来说具有重量轻、粒径细的特点，如图1-3-3所示。

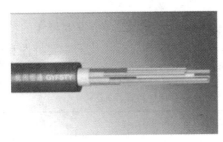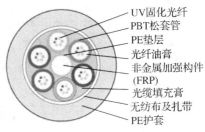

UV固化光纤
PBT松套管
PE垫层
光纤油膏
非金属加强构件
(FRP)
光缆填充膏
无纺布及扎带
PE护套

图 1 - 3 - 3　光纤

光纤由外壳、加固纤维材料、塑料屏蔽、光纤和包层组成。由于光纤所负载的信号是由玻璃线传导的光脉冲,所以不受外部电流的干扰。每组玻璃导线束只传送单方向的信号。因此在独立的外壳中有两组导线束,每一外壳都有一组有强度的加固纤维,并且在玻璃导线束周围有一层塑料加固层。特殊的接插件形成到光纤的光学纯净连接,并且提供了激光传送和光学接收。

光纤可分为单模光纤和多模光纤两种。

单模光纤:只用一种频率的光传输信号,光束以直线方式前进,没有折射,光纤芯直径小于 $10\ \mu$m。通常采用激光作为光源。

多模光纤:同时传输着几种频率的光,光束以全反射向前传输,光纤芯大多在 $50\sim100\ \mu$m。通常采用发光二极管作为光源。单模光纤的传输带宽比多模光纤要宽。由于光纤在传输过程中不受干扰,光信号在传输很远的距离后不会降低强度,而且光缆的通信带宽很宽,因此光缆可以携带数据长距离高速传输。虽然光缆比较昂贵,但今后互联网络链路的高速率传输要靠光纤来实现。

(二) 无线传输介质

无线传输介质指我们周围的自由空间。利用无线电波在自由空间的传播可以实现多种无线通信。在自由空间传输的电磁波根据频谱可将其分为无线电波、微波、红外线、激光等,信息被加载在电磁波上进行传输。

1. 无线电波

无线电波是指在自由空间(包括空气和真空)传播的射频频段的电磁波。无线电技术是通过无线电波传播声音或其他信号的技术。

无线电技术的原理在于,导体中电流强弱的改变会产生无线电波。利用这一现象,通过调制可将信息加载于无线电波之上。当电波通过空间传播到达收信端,电波引起的电磁场变化又会在导体中产生电流。通过解调将信息从电流变化中提取出来,就达到了信息传递的目的。无线电通信是采用电磁波在空间传送信息的通信方式。电磁波由发射天线向外辐射出去,天线就是波源。电磁波中的电磁场随着时间而变化,从而把辐射的能量传播至远方。无线电波共有以下七种传播方式:

(1) 波导方式　当电磁波频率为 30 kHz 以下(波长为 10 km 以上)时,大地犹如导体,而电离层的下层由于折射率为虚数,电磁波也不能进入,因此电磁波被限制在电离层的下层与地球表面之间的空间内传输,称为波导传波方式。

（2）地波方式　沿地球表面传播的无线电波称为地波(或地表波)。这种传播方式比较稳定,受天气影响小。

（3）天波方式　射向天空经电离层折射后又折返回地面(还可经地面再反射回到天空)的无线电波称为天波。天波可以传播到几千公里之外的地面,也可以在地球表面和电离层之间多次反射,即可以实现多跳传播。

（4）空间波方式　主要指直射波和反射波。电波在空间按直线传播,称为直射波。当电波传播过程中遇到两种不同介质的光滑界面时,还会像光一样发生镜面反射,称为反射波。

（5）绕射方式　由于地球表面是个弯曲的球面,因此电波传播距离受到地球曲率的限制,但无线电波也能同光的绕射传播现象一样,形成视距以外的传播。

（6）对流层散射方式　地球大气层中的对流层,因其物理特性的不规则性或不连续性,会对无线电波起到散射作用。利用对流层散射作用进行无线电波的传播称为对流层散射方式。

（7）视距传播　指点到点或地球到卫星之间的电波传播。

表1-3-2给出了从甚低频(VLF)至极高频(EHF)频段的电波传播方式、传播距离、可用带宽以及可能形成的干扰情况。

表1-3-2　各频段电波的比较

频段名称	频段范围	传播方式	传播距离	可用带宽	干扰量	利用
甚低频(VLF)	3～30 kHz	波导	数千千米	极有限	宽扩展	世界范围长距离无线电导航
低频(LF)	30～300 kHz	地波天波	数千千米	很有限	宽扩展	长距离无线电民航战略通信
中频(MF)	300～3 000 kHz	地波天波	几千千米	适中	宽扩展	中等距离点到点广播和水上移动
高频(HF)	3～30 MHz	天波	几千千米	宽	有限的	长和短距离点到点全球广播,移动
甚高频(VHF)	30～300 MHz	空间波对流层散射绕射	几百千米以内	很宽	有限的	短和中距离点到点移动,LAN声音和视频广播个人通信
特高频(UHF)	300～3 000 MHz	空间波对流层散射绕射视距	100千米以内	很宽	有限的	短和中距离点到点移动,LAN声音和视频广播个人通信卫星通信
超高频(SHF)	3～30 GHz	视距	30千米左右	很宽	通常是有限的	短和中距离点到点移动 LAN声音和视频广播移动/个人通信卫星通信
极高频(EHF)	30～3 000 GHz	视距	20千米	很宽	通常是有限的	短和中距离点到点移动,LAN个人通信卫星通信

2. 微波传输

无线数据传输使用无线电波和微波,可选择的频段很广。目前在计算机网络通讯中占主导地位的是 2.4 G 的微波,具体参见表 1-3-3。

表 1-3-3　计算机网络使用的频段

频　率	划　　分	主要用用途
300 Hz	超低频 ELF	
3 kHz	次低步频 ILF	
30 kHz	甚低频 VLF	长距离通信、导航
300 kHz	低频 LF	广播
3 MHz	中频 MF	广播、中距离通信
30 MHz	高频	广播、长距离通信
300 MHz	微波(甚高频 VHF)	移动通信
2.4 GHz	微波	计算机无线网络
3 GHz	微波(超高频 UHF)	电视广播
5.6 GHz	微波	计算机无线网络
30 GHz	微波(特高频 SHF)	微波通信
300 GHz	微波(极高频 EHF)	雷达

微波是指频率为 300 MHz～300 GHz 的电磁波。在 100 MHz 以上,微波就可以沿直线传播,因此可以集中于一点。通过抛物线状天线把所有的能量集中于一小束,便可以防止他人窃取信号和减少其他信号对它的干扰,但是发射天线和接收天线必须精确地对准。由于微波沿直线传播,所以如果微波塔相距太远,地表就会挡住去路。因此,隔一段距离就需要一个中继站,微波塔越高,传的距离越远。如图 1-3-4 所示。微波通信被广泛用于长途电话通信、监察电话、电视传播和其他方面的应用。

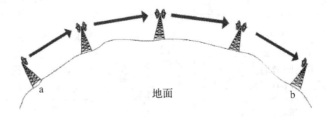

图 1-3-4　地面微波示意图

3. 红外线

红外无线通信,通常又叫红外光通信,是利用红外线传送信息的一种通信方式,是无线通信技术的一种。与无线电传输系统相比,红外线系统的重要方面是它的自由使用权,因为在 700～150 nm 波长的频谱是一个还没有限制的开放频段。红外线通信所传输的内容是多样的,可以是音频信号,也可以是视频信号。利用红外线,可以构成无绳电话及无线耳机系统。红外线的传输距离不远,一般在 10 m 以内,但可以避免频谱占用,信号失真等电气指标较易处理,红外通信技术不需要实体连线,简单易用且实现成本较低,红外线的应用范围很广,电视机、空调、微波炉等凡涉及遥控的家电,一般均采用红外线来作为信号传输的载体。

（1）红外通信原理

红外遥控有发送和接收两个组成部分。发送端采用单片机将待发送的二进制信号编码调制为一系列的脉冲串信号,通过红外发射管发射红外信号。红外接收完成对红外信号的接收、放大、检波、整形,并解调出遥控编码脉冲。为了减少干扰,采用的是价格便宜性能可靠的一体化红外接收头（HS0038,它接收红外信号频率为 38 kHz,周期约 26 μs）接收红外信号,它同时对信号进行放大、检波、整形得到 TTL 电平的编码信号,再送给单片机,经单片机解码并执行去控制相关对象。其工作原理如图 1 - 3 - 5 所示。

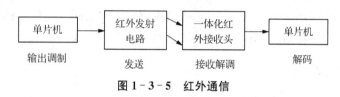

图 1 - 3 - 5　红外通信

（2）红外通信的优点与不足

首先,对于红外线传输系统,由于信号接收器的面积很大,通常可能超过 100 个波长的尺寸。因而平均地讲,相当于提供了固有的空间分集和直接的基于强度的信号合成子系统。这是红外线系统有别于无线电系统的主要差别之一。所以,红外线系统自然消除了多径传播所产生的多径衰落特征。

其次,红外线穿透障碍物（比如墙壁等）的 能力极差,这样,红外谱是天然的蜂窝系统频段。因此,不管无线口的接入方式（FDMA、TDMA、CDMA）和双工方式如何,其在相邻小区甚至相邻微小区就可以实现完美的资源重用。

由于特殊的传播特点,红外线系统的网络方案较之无线电蜂窝通信系统要简单得多。比如,可以不需要复杂的功率控制技术。由于主要在室内环境应用,信道传输特性较为稳定,所以,在信道的纠错编码方案和信道跟踪技术方面,要求都要低于无线电系统。

红外线系统的不足之处主要表现在它的传播距离较短,穿透能力很差,当红外线的能量足够强时,有可能对人的眼睛产生不利影响。红外系统与无线电系统的比较如表 1 - 3 - 4所示。

表 1 - 3 - 4　红外系统与无线电系统的比较

比较参数	红外线	无线电
穿透能力	差	好
系统的技术复杂度	较大	大
多径衰落	无	有

（续表）

比较参数	红外线	无线电
多径色散	有	有
用户安全	强光害眼睛	潜在的生物电磁效应
信息安全性	高	低
可用频率资源	多	少
主要的干扰源	环境光	其他同信道用户
最小应用系统的体积	台式	便携式
覆盖范围	小	大

二、移动通信网络

移动通信就是移动体之间的通信，或移动体与固定体之间的通信。移动体可以是人，也可以是汽车、火车、轮船、飞机等在移动状态中的物体。

（一）移动通信的分类

按使用要求和工作场合不同可以分为：

（1）集群移动通信，也称大区制移动通信。它的特点为只有一个基站，天线高度为几十米至百余米，用户数约为几十到几百，可以是车载台，也可以是手持台，它们可以与基站通信，也可以通过基站与其他移动台及市话用户通信，基站与市站有线网连接。

（2）蜂房移动通信，也称小区制移动通信。它的特点是把整个大范围的服务区划分为许多小区，每个小区设置一个基站，负责本小区各个移动台的联络与控制，各个基站通信移动交换中心相互联系，并与市话局连接。利用超短波电波传播距离有限的特点，离开一定距离的小区可以重复使用频率，使频率资源可以充分利用。每个小区的用户在1 000以上，全部覆盖区最终的容量可达100万用户。

（3）卫星移动通信，利用卫星转发信号也可实现移动通信。对于车载移动通信可采用赤道固定卫星，而对手持终端，采用中低轨道的多颗星座卫星较为有利。

（4）平流层通信，利用一个设置在距地面约为21 km高度的物理平台，可以实现地面覆盖半径约500 km的廉价、高密度、大容量的宽带通信。平流层通信具有地面通信和卫星通信二者的优点，互为补充，构成三足鼎立的三维通信体系，它将对全球通信网的普及，对个人通信业务的兴起，对宽带视频业务的发展有着特别重要的意义，给发展中国家加速发展信息通信提供了极大的机遇。它具有费用很低、容量很大、适用性广、提供业务快等优点。

（二）移动通信网络的使用频段

我国移动通信使用频段的规划原则上参照国际的划分规划，如我国正在大量使用的150 MHz、350 MHz、450 MHz、800 MHz、900 MHz，以及1.8 GHz等频段。如表1-3-5所示。

表 1－3－5　各频段具体频率范围与运用

频　段	频率范围	应　用
150 MHz 频段	138 MHz～149.9 MHz;150.05 MHz～167 MHz	无线寻呼业务
280 MHz 频段	279 MHz～281 MHz	无线寻呼业务
450 MHz 频段	403 MHz～420 MHz;450 MHz～470 MHz	移动业务
800 MHz 频段	806 MHz～821 MHz/851 MHz～866 MHz	集群移动通信
	821 MHz～825 MHz/866 MHz～870 MHz	移动数据业务
	825 MHz～835 MHz/870 MHz～880 MHz	蜂窝移动通信
	840 MHz～843 MHz	无绳电话
900 MHz 频段	885 MHz～915 MHz/930 MHz～960 MHz	蜂窝移动业务
	915 MHz～917 MHz	无中心移动系统

（三）蓝牙通信技术

蓝牙(Bluetooth)技术,实际上是一种短距离无线电技术,利用"蓝牙"技术,能够有效地简化掌上电脑、笔记本电脑和移动电话手机等移动通信终端设备之间的通信,也能够成功地简化以上这些设备与因特网 Internet 之间的通信,从而使这些现代通信设备与因特网之间的数据传输变得更加迅速高效,为无线通信拓宽道路。说得通俗一点,就是蓝牙技术使得现代一些轻易携带的移动通信设备和电脑设备,不必借助电缆就能联网,并且能够实现无线上因特网,其实际应用范围还可以拓展到各种家电产品、消费电子产品和汽车等信息家电,组成一个巨大的无线通信网络。蓝牙技术属于一种短距离、低成本的无线连接技术,是一种能够实现语音和数据无线传输的开放性方案,它已经渐渐地为多数人熟知,更受 IT 业巨头们的格外青睐。

1. 蓝牙通信技术的发展

蓝牙技术是由世界五家通信/计算机公司——爱立信、IBM、诺基亚、东芝和英特尔在1998 年联合推出的一项无线网络技术。随后成立的蓝牙共同利益集团(Bluetooth SIG)来负责该技术的开发和技术协议的制定,并采取了无偿向全世界转让该项专利技术的策略,以实现全球统一标准的目标。目前世界许多企业推出了蓝牙芯片、蓝牙平台、应用软件、开发工具、测试设备等产品。SIG 组织于 1999 年 7 月 26 日公布了蓝牙技术规范 1.0版本。

蓝牙无线通信技术公布后,迅速得到了西门子、微软等一大批公司的支持,相继加盟蓝牙 SIG。可见蓝牙技术在世界上产生的重大影响。根据计划,蓝牙从实验室进入市场经过三个阶段:

第一阶段是蓝牙产品作为附件应用于移动性较大的高端产品中。如移动电话耳机、笔记本电脑插卡或 PC 卡等,或应用于特殊要求或特殊场合,这种场合只要求性能和功能,而对价格不太敏感,这一阶段的时间大约在 2001 年底到 2002 年底。

第二阶段是蓝牙产品嵌入中高档产品中,如 PDA、移动电话、PC、笔记本电脑等。蓝牙的价格会进一步下降,其芯片价格在 10 美元左右,而有关的测试和认证工作也将初步完善。这一时间段是 2002 年~2005 年。

第三阶段是 2005 年以后,蓝牙进入家用电器、数码相机及其他各种电子产品中,蓝牙网络随处可见,蓝牙应用开始普及,蓝牙产品的价格在 2~5 美元之间,每人都可能拥有 2~3 个蓝牙产品。

2. 蓝牙通信技术的特点

蓝牙技术是一种无线数据与语音通信的开放性全球规范,其实质内容是为固定设备或移动设备之间的通信环境建立通用的近距无线接口,将通信技术与计算机技术进一步结合起来,使各种设备在没有电线或电缆相互连接的情况下,能在近距离范围内实现相互通信或操作。蓝牙技术的优点:

(1) 蓝牙工作在全球开放的 2.4 GHz ISM(即工业、科学、医学)频段。

(2) 使用跳频频谱扩展技术,把频带分成若干个跳频信道(Hop Channel),在一次连接中,无线电收发器按一定的码序列不断地从一个信道"跳"到另一个信道。

(3) 一台蓝牙设备可同时与其他七台蓝牙设备建立连接。

(4) 数据传输速率可达 1 Mbit/s。

(5) 低功耗、通讯安全性好。

(6) 在有效范围内可越过障碍物进行连接,没有特别的通讯视角和方向要求。

(7) 支持语音传输。

(8) 组网简单方便。

蓝牙技术的缺点:

(1) 蓝牙是一种还没有完全成熟的技术,尽管被描述得前景诱人,但还有待于实际使用的严格检验。蓝牙的通信速率也不是很高,在当今这个数据爆炸的时代,可能也会对它的发展有所影响。

(2) 目前主流的软件和硬件平台均不提供对蓝牙的支持,这使得蓝牙的应用成本升高,普及难度增大。

(3) ISM 频段是一个开放频段,可能会受到诸如微波炉、无绳电话、科研仪器、工业或医疗设备的干扰。

3. 蓝牙通信技术原理

(1) 网络拓扑

蓝牙系统的网络拓扑有两种形式:微微网和分散网。

微微网(Piconet):根据网络的概念,蓝牙可支持点对点和点对多点的无线连接。微微网由主设备单元和从设备单元构成。首先提出通信要求的设备称为主设备(Master),被动进行通信的设备称为从设备(Slave)。主设备单元负责提供时钟同步信号和调频序列。利用 TDMA,一个主设备最多可同时与 7 个从设备进行通信,可以和最高达 255 个从设备保持同步但不通信。一个主设备和一个以上的从设备构成的主从网络称为微微网。

分散网(Scatternet):若两个以上的微微网之间存在着设备间通信,这样,由多个独立的非同步的微微网就组成一个分散网。微微网可以重叠，一个微微网的主设备（从设备），可以是另一个微微网的从设备（主设备），但一个微微网只能有一个主设备。每个微微网有它自己的跳频信道，微微网之间不需要时间或频率同步。

（2）建立连接

所有蓝牙设备在微微网建立之前均处于等待（Standby）状态，未连接的设备周期性地监听信息，每当一个设备被激活，就在预先设定的跳频频率上监听信息。连接进程由主设备发起。

蓝牙技术支持两种连接方式：同步面向连接方式（主要用于传送语音）和异步无连接方式（主要用于传送数据包）。在同一微微网中不同的主从设备对可以采用不同的连接方式，在一个阶段内，连接方式可以任意改变。每个连接方式最多可以支持 16 种不同的数据包。

当组网和连接完成后，就可以进行通信了，通过组成的网络体系将数据等信息传输过去，虽然组网和连接比较麻烦，但是相对来说，功能更加强大了，现对于有线传输就比较方便了。

 **任务评估**

自我小结			
软件使用情况	□☺	□☺	□☹
要点掌握情况	□☺	□☺	□☹
知识拓展情况	□☺	□☺	□☹
我的收获			
存在问题			
解决方法			

任务四　认识 TCP/IP 协议

 **任务描述**

校园网中各个机房、教师办公室的计算机及其设备之间是如何协调工作，顺利完成数据的发送与接收的呢？它们又是如何实现共享有限的网络带宽的呢？在这节任务中带你认识以 TCP/IP 协议簇为代表的网络协议。

 **任务目标**

◇ 掌握构成网络协议的要素；
◇ 掌握 TCP/IP 网络参考模型的分层与各层功能；
◇ 了解 TCP/IP 协议簇主要协议的功能。

 **预备知识**

一、计算机网络体系结构

（一）网络协议

计算机网络是由多个互连的结点组成的，结点之间需要不断地交换数据与控制信息，要做到有条不紊地交换数据，每个结点必须遵守一些事先约定好的规则。这些规则明确规定了所交换的数据的格式和时序，以及在发送或接收数据时要采取的动作等问题。这些为进行网络中的数据交换而建立的规则、标准或约定即为网络协议。网络协议主要有以下三要素组成。

（1）语法：即数据与控制信息的结构或格式。例如，地址字段多长以及它在整个分组中的什么位置。

（2）语义：即各个控制信息的具体含义，包括需要发出何种控制信息，完成何种动作及做出何种响应。

（3）同步：即事件实现顺序和时间的详细说明，包括数据应该在何时发送出去，以及数据应该以什么速率发送。

（二）层次模型与计算机网络体系结构

网络体系结构与网络协议是网络技术中的两个基本概念。当我们在处理、设计和讨论一个复杂系统时，总是将复杂系统划分为多个小的、功能相对独立的模块或子系统。这样我们可以将注意力集中在这个大而复杂系统的某个特定部分，这就是模块化的思想。计算机网络是一个非常复杂的系统，需要利用模块化的思想将其划分为多个模块来处理和设计。人们发现层次式的模块划分方法特别适合网络系统,因此目前所有的网络系统都采用分层的体系结构。组网的分层方法是一种十分美好的方法。其原因在于,电气工程师所需的专业知识(定义网络介质必须如何运作、连接到这样的网络介质上要求什么样的物理接口),与软件工程师必须具备的专业知识很不同。实际上,软件工程师不仅必须编写网卡的驱动程序,还必须实现运行在网络参考模型各个分层上的各种网络协议(或者实现另一种分层模型中可能使用的网络协议)。

在计算机网络的术语中,我们将计算机网络的层次结构模型与各层协议的结合称为计算机网络的体系结构。

1974 年,美国的 IBM 公司宣布了它研制的系统网络体系结构,这是世界上第一个网络体系结构。此后,许多公司纷纷提出各自的网络体系结构。这些网络体系结构的共同点是都采用层次结构模型,但层次划分和功能分配均不相同。

为了使不同体系结构的计算机网络都能互连,国际标准化组织(International Organization for Standardization,ISO)于 1977 年成立了专门机构研究该问题,并提出了开放系统互连参考模型(Open Systems Interconnection Reference Model,OSI/RM),简称 OSI。OSI/RM 模型是一个 7 层协议的体系结构,如图 1 - 4 - 1(a)所示。

图 1 - 4 - 1　计算机网络体系结构

在 OSI 模型之前,TCP/IP 协议簇已经在运行,并逐渐演变成 TCP/IP 参考模型。TCP/IP 庞大的网络协议和服务集,所包含的内容远远超出了构成该协议集名称的两个关键协议。这两个协议值得首先介绍一下:传输控制协议(Transmission Control Protocol,TCP)提供了任意长度消息的可靠传输,定义了所有类型数据在网络中的一种健壮传递机制;网际协议(Internet Protocol,IP)管理从发送方到接收方的网络传输的路由,并处理与网络和计算机寻址相关的问题,以及其他一些问题。总之,虽然这两个协议仅占整个 TCP/IP 协议集的一个很小部分,但它们负责输送在 Internet 上移动的海量数据。为了更好地评价 TCP/IP 的重要性,试考虑这种的情况:要使用 Internet,就必须使用 TCP/IP,原因在于,Internet 是运行在 TCP/IP 之上的。因此,TCP/IP 被称为事实上的国际标准,得到最广泛应用的不是法律上的国际标准 OSI,而是非国际标准 TCP/IP。关于 Internet 的相关知识将在专题二中进行详细分析。TCP/IP 参考模型是一个 4 层协议的体系结构。如图 1 - 4 - 1(b)所示。

　　OSI 的七层协议体系结构，其概念清晰，理论也较完整，但复杂而不实用。TCP/IP 参考模型最下面的网络接口层并没有具体内容。因此，在学习计算机网络原理时往往采取折中的方法，综合 OSI 和 TCP/IP 的优点，采用一种五层协议的原理体系结构，既简洁又能将概念阐述清楚。如图 1-4-1(c)所示。

（三）协议层如何工作？

　　在网络参考模型中，各层用于封装特定类型的功能，以便可以把分治法应用到解决组网问题上。一般来说，网络参考模型中的各层为其上一分层（如果有的话）提供服务，并向其下一分层交付数据（对于出站数据流来说）或从其下一分层接收数据（对于入站数据流来说）。

　　在网络参考模型的每一分层中，软件处理数据包，也称为协议数据单元（Protocol Data Unit，PDU）。PDU 通常称为分组（或数据包），不管它位于网络参考模型的哪一个分层中。PDU 通常包含有"封装信息"，体现为特殊首部和尾部。这种情况下，首部表示了一种特定分层的标签，不管它前面的 PDU 是什么。同样，尾部（对于某些分层和某些特殊协议来说，尾部可能是一个可选项）可以包括错误检测和错误校正信息、明确的"数据结尾"标志，或设计为用于明确指示 PDU 结束的其他数据。

　　如图 1-4-2 所示，由于网络参考模型是由一些具体的分层构成的堆，因此它看起来像一个分层的蛋糕。由于这种堆式的结构精确地描绘了实现多少个网络协议簇（包括 TCP/IP），因此，当在特定计算机上实现时，通常把映射到这种模型中的硬件和软件部件称为协议栈（Protocol Stack）。这样，在 Windows 系统的计算机上，网络接口卡（Network Interface Card，NIC）、支持操作系统与网卡"对话"的驱动程序、构成 TCP/IP 其他分层的各种软件部件都可以称为协议栈，或者更精确地说，称为该机器上的 TCP/IP 协议栈。

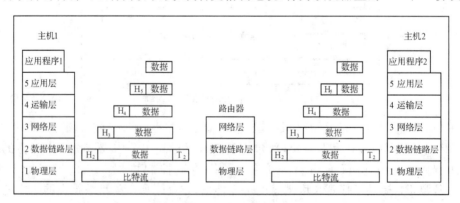

图 1-4-2　数据在各层间的传递

二、TCP/IP 网络模型

（一）TCP/IP 网络接口层

　　这是局域网（LAN）技术（比如以太网、令牌环网以及无线网络）发挥作用的层。它也是广域网（WAN）技术和连接管理协议[比如点对点协议（Point-to-Point Protocol，PPP)

和 X .25]发挥作用的分层。

在网络接口层应用的是 IEEE (Institute of Electrical and Electronics Engineers,美国电气和电子工程师协会)网络标准,其包括 IEEE 802 系列标准。

(1) 802.1 Internetworking(802.1 互联网络):给出了整个 802 系列中互联网络(从一个物理网络到另一个物理网络交换数据)是如何工作的一般描述。

(2) 802.2 Logical Link Control(802.2 逻辑链路控制):给出了同一个物理网络上两个设备之间如何建立和管理逻辑链路的一般描述。

(3) 802.2 Media Access Control (802.2 媒体访问控制):给出了网络上媒体接口是如何标识和访问的一般描述,包括创建所有媒体接口唯一 MAC 层地址的模式。

(4) 802.3 CSMA/CD (Carrier Sense Multiple Access with Collision Detection,带冲突检测的载波侦听多路访问):描述了以太网(Ethernet)的组网技术如何操作和运行。除了 10 Mb/s 和 100 Mb/s 之外,这个系列还包括了千兆以太网(Gigabit Ethernet)(802.3z)。

(5) 802.5 Token-Ring (令牌环):给出了由 IBM 开发的、称为令牌环的组网技术如何操作和运行的一般描述。

(6) 802.11 Wi-Fi (Wireless Fidelity 的缩写):一个无线数据包的无线网络标准系列,它支持从 1Mb/s～540 Mb/s(理论最大速度)的网络速度。这个系列中最常用的成员包括 11 Mb/s 的 802.11 a 和 802.11 b 标准,54 Mb/s 的 802.11 g 标准,以及 802.11 n 的多通道技术,其理论最大带宽为 540 Mb/s。

(二) TCP/IP 网际层

TCP/IP 网际层协议处理跨越多个网络的机器之间的路由问题,它也管理网络名称和地址,以利于解决路由问题。更具体地说,网际层处理 TCP/IP 的如下三个基本任务。

1. MTU(Maximum Transmission Unit,最大传输单元)分片

当路由将数据从一种类型的网络运送到另一种类型的网络时,网络能够承载的最大数据块,即 MTU 就可能发生变化。当数据从支持较大 MTU 的介质移动到支持较小 MTU 的介质时,这一数据就必须被缩小,以便匹配参与传输的两个 MTU 中较小的一个 MTU。这个任务仅仅需要一次单向转换,但它必须在数据传输过程中完成。

2. 寻址

寻址定义了一种机制,即 TCP/IP 网络中的所有网卡都必须与标识每一个网卡的专用的、唯一的比特位模式相对应,这个比特位模式也标识了网卡所属的网络(或者是本地网络)。

3. 路由

路由定义了将数据包从发送方转发给接收方的机制,在从发送方到接收方的转发过程中,可能需要数个中间中继过程。这一功能不仅包含在成功传递的过程中,而且还提供了跟踪传递性能的方法,以及在发生传递失效时报告错误的方法,否则就会发生障碍。因此,网际层处理从发送方到接收方的数据移动。在必要时,它还能把数据重新打包到较小

的数据容器中,处理识别发送方和接收方的位置问题,并定义如何在网络上从"此"到达"彼"。

在 TCP/IP 网际层发挥作用的主要协议有:

(1) 网际协议(Internet Protocol,IP):该协议负责把数据包从发送方路由到接收方。

(2) Internet 控制消息协议(Internet Control Message Protocol,ICMP):该协议处理基于 IP 路由和网络行为的消息,特别是与"数据流状况"和出错相关的信息。

(3) 地址解析协议(Address Resolution Protocol,ARP):该协议在特定电缆网段上将 IP 地址转换为 MAC 地址。

(4) 路由信息协议(Routing Information Protocol,RIP):该协议定义了距离向量和本地网内用于本地路由区域的最基本路由协议(距离向量本质上是链路中路由器个数的整数计数,称为跳数(hop),它是发送方和接收方之间的数据包通过的路由器个数;RIPv1有一个 4 位的跳数字段,从而允许的最大跳数为 15)。

(5) 开放式最短路径优先协议(Open Shortest Path First,OSPF):该协议定义了一个本地网内由同一自治系统广泛使用的链路状态路由协议。

(6) 边界网关协议(Border Gateway Protocol,BGP):该协议定义了一种连接到公共互联网主干网或互联网中由不同自治系统(这些区域中多方联合负责管理数据流)广泛使用的路由协议。

TCP/IP 网际层相关协议的原理与应用将在专题三中详细介绍。

(三)TCP/IP 传输层

通常把运行在 Internet 上的设备标识为主机(host),因此 TCP/IP 传输层有时也称为主机到主机层,原因在于这一层提供了从一台主机到另一台主机的数据传输。传输层协议提供的基本功能包括从发送方到接收方数据的可靠传输,还提供传输前必要的出站消息分段,以及在把数据交付给应用层之前重组分段以便进一步处理的功能。

TCP/IP 传输层有两个协议:传输控制协议(Transmission Control Protocol,TCP)和用户数据报协议(User Datagram Protocol,UDP)。这两个协议有两方面的特点:面向连接的(Connection-oriented)和无连接的(Connectionless),TCP 是面向连接的协议,UDP 是无连接的协议。这里,两者的区别在于,TCP 发送数据之前在发送方和接收方之间协商并维持连接(数据成功发送得到正确确认,数据丢失或错误得到重新传输请求)。UDP 则以一种称为"尽最大努力交付(Best-effort Delivery)"的方式简单地发送数据,在接收方没有任何后续的检验。这就使得 TCP 比 UDP 更加可靠,但速度更慢一些且更笨拙一些。但这样可以使 TCP 在协议层提供可靠的交付服务,而 UDP 却不能。

(四)TCP/IP 应用层

应用层是 TCP/IP 参考模型的最高层,用于提供各式各样的网络应用。每种网络应用由一种或多种应用层协议来支持。随着各种新型网络应用类型的增加,应用层协议的数量也在随之增加。表 1-4-1 给出了主要的应用层协议。应用层协议可分为三种类型：依赖于 TCP 的应用层协议，例如 Telnet、SMTP、HTTP、FTP 等；依赖于 UDP 协议的应用层协议，例如 SNMP、TFTP 等；依赖于 TCP 或 UDP 的应用层协议，例如 DNS。计算机网络的应用将在专题二和专题四中详细介绍。

表 1-4-1　主要的应用层协议

协议名称	基本功能
远程登录协议（Telnet）	实现远程登录功能
文件传输协议（FTP）	实现文件传输功能
超文本传输阱议（HTTP）	实现 Web 服务功能
简单邮件传输协议（SMTP）	实现电子邮件发送与转发功能
邮局协议第三版（POP3）	实现电子邮件接收功能
交互式邮件访问协议（IMAP）	实现电子邮件接收功能
域名系统（DNS）	实现域名到 IP 地址的映射功能
简单网络管理协议（SNMP）	实现网络监控与管理功能
简单文件传输协议（TFTP）	实现文件传输功能
网络文件系统（NFS）	实现网络文件共享功能

图 1-4-3 用另一种方法来表示 TCP/IP 协议簇，它的特点是上下两头大而中间小：应用层和网络接口层都有很多协议，而中间的 IP 层很小，上层的各种协议都向下汇聚到一个 IP 协议中。这种很像沙漏计时器形状的 TCP/IP 协议簇，表明 TCP/IP 协议可以为各式各样的应用提供服务，同时 TCP/IP 协议也允许 IP 协议在各式各样的网络构成的互联网上运行。正因为如此，Internet 才会发展到今天这样的全球规模。从图 1-4-3 不难看出，IP 协议、TCP 协议、UDP 协议在 Internet 中的核心作用。

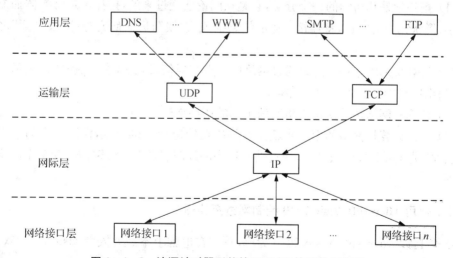

图 1-4-3　沙漏计时器形状的 TCP/IP 协议簇示意图

任务五　使用 Visio 绘制网络拓扑图

**任务描述**

　　计算机网络拓扑反映出网络中各实体间的结构关系。拓扑设计是构建计算机网络的第一步，也是实现各种网络协议的基础，它对网络性能、系统可靠性与通信费用都有重大影响。掌握网络拓扑图的绘制是一项基本技能。

**任务目标**

　　◇ 熟练掌握基本网络拓扑图的绘制方法；
　　◇ 掌握一般网络拓扑图的绘制方法。

**预备知识**

一、网络拓扑

　　无论 Internet 结构多么庞大和复杂，它总是由许多个广域网、城域网、局域网和个人区域网互联而成的，而研究各种网络结构，需要掌握网络拓扑（Network Topology）的基本知识。

　　理解网络拓扑结构，需了解以下几个方面的问题：

　　（1）拓扑学是几何学的一个分支，它是从图论演变过来的，拓扑学是将实体抽象成与其大小、形状无关的"点"，将连接实体的线路抽象成"线"，进而研究"点""线""面"之间的关系。

　　（2）计算机网络拓扑结构是通过网络中节点与通信线路之间的几何关系表示网络结构，反映出网络中各实体之间的结构关系。

　　（3）计算机网络拓扑结构是指通信子网的拓扑结构。

　　（4）设计计算机网络的第一步就是要解决在给定计算机位置，保证一定的网络响应时间、吞吐量和可靠性的条件下，通过选择适当的线路、带宽与连接方式，使整个网络的结构合理。

二、使用 Microsoft Visio 2010 绘制网络拓扑图

　　步骤 1：以 Microsoft Visio 2010 为例，首先在电脑上下载并安装 visio 2010 软件，然后打开该软件，如图 1-5-1 所示。

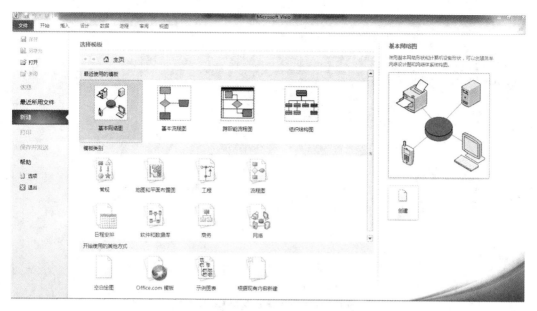

图 1 - 5 - 1　Visio 2010 启动后的界面

步骤 2:如果仅仅画一个简单的网络拓扑图,可以选择【基本网络图】,如图 1 - 5 - 2 所示。

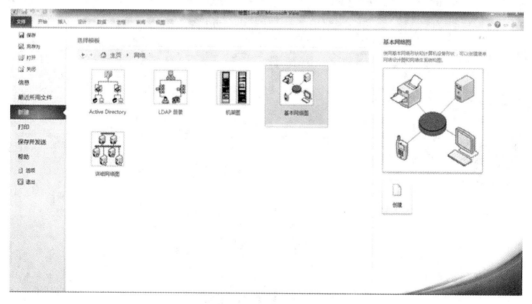

图 1 - 5 - 2　【网络】模板界面

步骤 3:点击【基本网络图】进入绘图界面,在左侧形状列表里可以看到绘制基本网络图所需要的基本形状,如图 1 - 5 - 3 所示。

图 1-5-3 【基本网络图】绘图界面

步骤4:接下来开始绘制网络拓扑图,首先点击左侧的形状列表,找到计算机和显示器形状,将图形拖到绘图面板,作为网络设备,如图1-5-4所示。

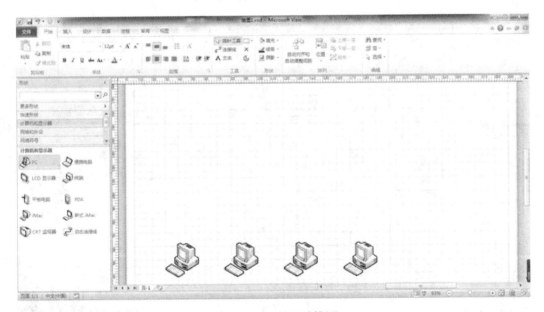

图 1-5-4 绘制计算机

步骤5:然后在图形里绘制交换机、路由器等设备,并用连接线连接,如图1-5-5所示。

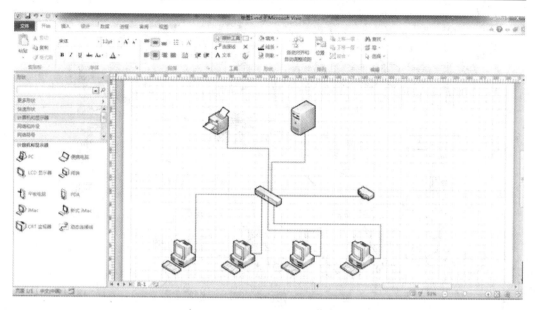

图 1-5-5　绘制设备和连接线

步骤 6:最后再添加上设备注释,经过以上操作,一张简单的网络拓扑图就绘制完成了,如图 1-5-6 所示。

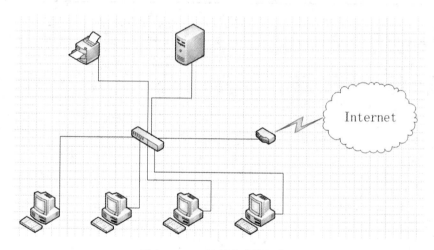

图 1-5-6　绘制完成的拓扑图

步骤 7:拓扑图绘制完毕后,可以通过【另存为】功能将图纸保存为图片格式,方便非专业人士浏览。

实训操作

(1) 实训目的:掌握网络拓扑结构图的绘制方法。

(2) 实训准备:安装 Visio 2010 软件。

(3) 实训内容:绘制如图 1-5-7 所示的校园网络拓扑图。

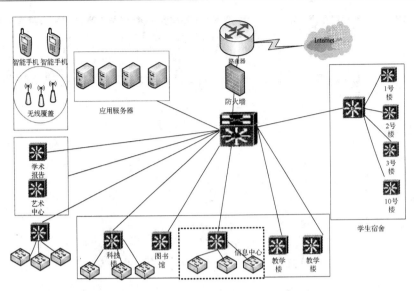

图 1-5-7　网络中心拓扑示意图

任务评估

自我小结			
软件使用情况	□☺	□😐	□☹
要点掌握情况	□☺	□😐	□☹
知识拓展情况	□☺	□😐	□☹
我的收获			
存在问题			
解决方法			

 **专题小结**

本专题内容主要包括:① 什么是计算机网络? 计算机网络的发展阶段,计算机网络的分类、特点、应用场合以及性能指标。② 常用的网络设备:网络适配器、交换机、路由器、调制解调器、无线 AP 以及防火墙。③ 常见传输介质、移动通信网络技术。④ 常用的网络拓扑图绘制工具 Visio 的使用。

专题二　我家电脑要"上网"

李明同学准备设计并部署自己家的家庭网络并接入 Internet，能够让家里每一台可以联网的设备都能够接入 Internet，每一位家庭成员都能够享受到丰富精彩的 Internet 服务。即使有客人来访，他们携带的网络设备也能借助李明家的家庭网络接入 Internet。现在的 Internet 能够提供哪些精彩服务，哪些服务是适合家庭用户的？ 在不改造家中已有线路的基础上，怎么规划自家的网络结构才是最合理的、选用哪些网络设备才是性价比最高的？ 李明所在的城市有多家 Internet 服务提供商，提供的 Internet 接入方案各有千秋，价格差别也比较明显，哪种接入方案才是最匹配李明家需求的？ 李明同学带着这些疑惑，认真地进行了一番学习。

任务一　Internet 及其主要应用

任务描述

Internet 是什么，它给人们的生活和学习带来哪些改变？ 人们常说的"上网"，除了看新闻、打游戏、炒股、下载流行歌曲、看电影和电视剧、购物，还能在网上获取哪些丰富的服务？ 如此丰富多样的网络服务，哪些更适合父母和我？ 李明同学查阅了很多资料，在 Internet 中体验和学习，慢慢地理解了为什么说以 Internet 为代表的信息技术带来了"人类的第三次工业革命"。

任务目标

◇ 了解 Internet 的产生背景与发展历程；
◇ 理解 Internet 的特点，在现代社会中起到的作用；
◇ 掌握主流的 Internet 应用的功能、特点及其简单使用。

预备知识

一、什么是 Internet

Internet，中文译名为"因特网"，已日益渗透到各行各业并进入百姓的日常生活中，它极大地改变了人们的工作与生活方式。Internet 作为一种计算机网络通信系统和一个庞大的技术实体极大地促进了人类社会从工业化社会向信息化社会的发展。

　　究竟什么是 Internet？要给 Internet 下一个准确的定义是比较困难的。其一是因为它的发展十分迅速,很难界定它的范围;其二是因为它的发展基本上是自由化的。美国联邦网络理事会给出如下定义:Internet 是一个全球性的信息系统;它是基于 Internet 协议及其补充部分的全球的一个由地址空间逻辑连接而成的信息系统:它通过使用 TCP/IP 协议簇及其补充部分或其他 IP 兼容协议支持通信;它公开或非公开地提供使用或访问存放于通信和相关基础结构的高级别服务。

　　Internet 的出现,也改变了人们的交流与获取信息的方式。对广大用户而言,Internet 不仅使他们不再被局限于分散的计算机上,而且也使他们脱离了特定网络的约束。Internet 采用 TCP/IP 作为共同的通信协议,将世界范围内许许多多的计算机网络联结在一起,成为当今最大的和最流行的国际性网络,任何人只要进入 Internet,他就可以利用其中难以计数的资源,和世界各地的人们自由通信和交换信息。因此,Internet 一经出现,在短短几年时间里,就遍及美国大陆并迅速向世界各地延伸。直至现在,每月都有新的网络并入到 Internet 中。

二、Internet 的产生与发展

(一) Internet 的产生

　　Internet 的起源可追溯到 20 世纪 50 年代后期的冷战高峰期。当时,美国国防部希望建立一个"命令—控制"网络,即使在核战争爆发的情况下它也能够生存下来。为了对这一构思进行验证,1969 年 DoD/ARPA（US Department of Defense/Advanced Research Projects Agency,美国国防部国防高级研究计划署）委托 BBN 公司建立了一个名为 ARPANET 的网络,这个网络把加州大学洛杉矶分校、加州大学圣芭芭拉分校、斯坦福大学以及位于盐湖城的犹他州州立大学的计算机主机联接起来,位于各个节点的大型计算机采用分组交换技术,通过 IMP（Interface Message Processors,接口报文处理器）和专门的通信线路相互连接。ARPANET 就是 Internet 的雏形。

　　到 1972 年,ARPANET 网上的主机数已经达到 40 台。这 40 台主机彼此之间可以发送电子邮件和利用文件传输协议发送大文本文件,包括数据文件,即现在 Internet 中的 FTP,同时也设计和实现了通过把一台计算机模拟成另一台远程计算机的一个终端而使用远程计算机上的资源的方法。这种方法就是人们熟悉的 Telnet。

　　1974 年,IP 协议和 TCP 协议问世,这两个协议定义了一种在计算机网络间传送报文的方法。随后,美国国防部决定向全世界无条件地免费提供 TCP/IP,即向全世界公布解决计算机网络之间通信的核心技术。此核心技术的公开推动了 Internet 迅速发展。

　　到了 1980 年,世界上既有使用 TCP/IP 协议的美国军方的 ARPANET,也有很多使用其他通信协议的各种网络。为了将这些网络连接起来,Vinton Cerf 提出一个想法:在每个网络内部各自使用自己的通信协议,在和其他网络通信时使用 TCP/IP 协议。这个设想最终导致了 Internet 的诞生,并确立了 TCP/IP 协议在网络互联方面不可动摇的地位。

有了 APARNET,不同国家的科学家可以共享数据并开展研究项目上的协同工作。然而,对于任何一个大学,如果它想要使用 APARNET,必须与美国国防部有一个研究合同,而这是许多大学所不具备的。为解决这一问题,20 世纪 80 年代初,NSF(National Science Foundation,美国国家科学基金会)开始着手建立提供给各大学使用的 CSNet(Computer Science Network,计算机科学网)。CSNet 在其他基础网络之上增加统一的协议层,形成逻辑上的网络。CSNet 采用集中控制方式,所有信息交换都经过 CSNet-Relay 进行。

1982 年,美国北卡罗来纳州立大学的 Steve Bellovin 创立了著名的网络新闻组,它允许该网络中的任何用户把信息发送给网上的其他用户,大家可以在网络上就自己所关心的问题和其他人进行讨论。1983 年在纽约城市大学也出现了一个以讨论问题为目的的网络 BITNet,在这个网络中,不同的话题被分为不同的组,用户可以根据自己的需求,通过计算机订阅,这个网络后来被称为 Mailing list(电子邮件群)。1983 年,在美国旧金山还诞生了另一个网络 FidoNet,即公告牌系统,它的优点在于用户只要有一台计算机、一个调制解调器和一根电话线就可以互相发送电子邮件并讨论问题,这就是后来的 Internet BBS(Bulletin Board System,电子公告牌系统)。以上这些网络都相继并入 Internet 成为它的一个组成部分,Internet 逐渐成为全世界各种网络的大集合。

1986 年 NSF 投资在美国普林斯顿大学、匹兹堡大学、加州大学圣地亚哥分校、伊利诺伊大学和康奈尔大学建立了 5 个超级计算中心,并通过 56kbps 的通信线路连接形成 NSFNET 的雏形。1987 年 NSF 就 NSFNET 的升级、营运和管理公开招标,结果 IBM、MCI 和由多家大学组成的非营利性机构 Merit 获得 NSF 的合同。1989 年 7 月,NSFNET 的通信线路速度升级到 1.5 Mbps,连接了 13 个骨干节点,采用 MCI 提供的通信线路技术和 IBM 提供的路由设备,Merit 则负责 NSFNET 的营运和管理。由于 NSF 的鼓励和资助,很多大学、政府资助甚至私营的研究机构纷纷把自己的局域网接入 NSFNET 中,从 1986 年至 1991 年,NSFNET 的子网从 100 个迅速增加到 3000 多个。NSFNET 的正式营运以及实现与其他已有和新建网络的广泛连接等真正成为 Internet 的基础。20 世纪 90 年代初期,NSFNET 连接全美上千万台计算机,拥有几千万用户,是 Internet 最主要的成员网。随着计算机网络在全球的拓展和扩散,美洲以外的网络也逐渐接入 NSFNET 主干或其子网。

1991 年 9 月 CERN 研究中心的 Tim Berners-Lee 发明了 World Wide Web(WWW)。WWW 技术的出现带来了 Internet 的大发展,从此 Internet 进入了高速增长的时期。1998 年,第一个 P2P 程序 Napster 的出现,宣告互联网 Peer-to-Peer 模式的诞生。这种模式下,广大互联网用户可以使用对等协作,共享磁盘、网络带宽和 CPU 运算能力等一切可以共享的资源,从此互联网的发展掀开了新的一页。

(二)Internet 发展的主要阶段

Internet 的基础结构大体上经历了三个发展阶段。

1. Internet 发展的第一阶段

第一个分组交换网 ARPANET 最初只是一个单一的分组交换网,后来 ARPA 研究多种网络互连的技术。1983 年 TCP/IP 协议成为标准协议。

2. Internet 发展的第二阶段

1986 年,NSF 建立了国家科学基金网 NSFNET,它是一个三级结构的计算机网络,分为主干网、地区网和校园网,这一结构至今仍被很多运营商采用。1991 年,美国政府决定将 Internet 的主干网转交给私人公司来经营,并开始对接入 Internet 的机构收费。1993 年 Internet 主干网的速率提高到 45 Mbps,各网络之间需要使用路由器来连接。主机到主机的通信可能要经过多个网络。

3. Internet 发展的第三阶段

从 1993 年开始,由美国政府资助的 NSFNET 逐渐被若干个商用的 ISP(Internet Service Provider,互联网服务提供商)网络所代替。1994 年开始创建了 4 个 NAP (Network Access Point,网络接入点),分别由 4 个电信公司经营。NAP 是专门用于交换 Internet 流量的节点。在 NAP 中安装有高性能的交换设备。到 21 世纪初,美国的 NAP 的数量已达到十几个。从 1994 年到现在,Internet 逐渐演变成多级结构网络。主机到主机的通信可能经过多个 ISP。Internet 的多级结构大致上可分为三级:国家主干网(主干 ISP)、地区 ISP 和本地 ISP。

(三)Internet 在中国的发展

Internet 在中国的发展历程也可以大致划分为三个阶段。

1. Internet 在中国发展的第一阶段

第一阶段是研究试验阶段,从 1986 年 6 月到 1994 年。在此期间中国一些科研部门和高等院校开始研究 Internet 联网技术,并开展了科研课题和科技合作工作。这个阶段的网络应用仅限于少数高等院校、研究机构等小范围内的电子邮件服务。

2. Internet 在中国发展的第二阶段

第二阶段是起步阶段,从 1994 年 4 月至 1996 年。1994 年 4 月,中关村地区教育与科研示范网络接入互联网,实现和 Internet 的 TCP/IP 连接,从而开通了 Internet 全功能服务。从此,中国被国际上正式承认为有互联网的国家。之后,中国公共计算机互联网 ChinaNet、CERNET(China Education and Research Network,中国教育与科研计算机网络)、CSTnet(China Science and Technology Network,中国科技网)和国家公用经济信息通信网 ChinaGBnet 等多个互联网项目在全国范围相继启动,互联网开始进入公众生活,并在中国得到了迅速的发展。1998 年底,中国互联网用户数已达 210 万,利用互联网开展的业务与应用逐步增多。

3. Internet 在中国发展的第三阶段

第三阶段是快速增长阶段,从 1997 年至今。1997 年 6 月 3 日,CNNIC(China Internet Network Information Center,中国互联网络信息中心)在北京成立,并开始管理我国的 Internet 主干网。CNNIC 作为我国 Internet 的建设者和运行者,负责为我国 Internet 的用户提供服务,以保证我国 Internet 能够健康、有序地发展。CNNIC 是我国的域名注册管理机构和域名根服务器运行机构。CNNIC 每年会发布两次《中国互联网络发展状况统计报告》,对我国 Internet 的发展状况加以总结。从历年来《中国互联网络发展状况统计报告》中可以发现,我国 Internet 的各项数据一直以较快速度增长。

据 CNNIC 2018 年 1 月发布的《第 36 次中国互联网络发展状况统计报告》,截至 2017 年 12 月,我国网民规模达到 7.72 亿,全年共计新增网民 4074 万人。互联网普及率为 55.8%,较 2016 年底提升了 5.6 个百分点。全球 IPv4 地址数已于 2017 年 12 月分配完毕,自 2011 年开始我国 IPv4 地址总数基本维持不变,截至 2015 年 6 月,共计有 33 870 万个。截至 2017 年 12 月,我国 IPv6 地址数量为 23 430 块/32。我国域名总数为 3 848 万个,其中". CN"域名总数年增长为 1.2%,达到 2 085 万,在中国域名总数中占比达 54.2%。我国网站总数为 533 万个,半年增长 10.6%;". CN"下网站数为 315 万个。

4. 中国主干网的发展状况

1994 年,我国开始正式接入 Internet,同年开始建立与运行自己的域名体系。中国电信、中国联通、中国移动三大运营商分别建立起各自的主干网,覆盖全国大部分省市。CERNET 旨在利用计算机技术和网络通信技术,把全国大部分高等院校联结起来,从而改善国内高校的教学和科研环境,促进高校之间信息和技术合作与交流。CERNET 已经有 28 条国际和地区性信道,与美国、加拿大、英国、德国、日本和中国香港特区联网,总带宽达到 10 G。与 CERNET 联网的大学、中小学等教育和科研单位达 2 000 多家(其中高等学校 1 600 所以上),联网主机 120 万台,用户超过 2 000 万人。CSTnet 现有多条国际信道联到美国及日本,进入 Internet。目前,CSTnet 在全国范围内接入农业、林业、医学、地震、气象、铁道、电力、电子、航空航天、环境保护和国家自然科学基金委员、国家专利局、国家计委信息中心、高新技术企业,以及中国科学院,共 1 000 多家科研院所、科技部门和高新技术企业。据 CNNIC 2015 年 6 月发布的《第 36 次中国互联网络发展状况统计报告》,截至 2015 年 6 月,我国国际出口带宽为 4 717 761 Mbps,具体如表 2-1-1 所示。

表 2-1-1　主要骨干网络国际出口带宽数

骨干网络	国际出口带宽数(Mbps)
中国电信	3 040 846
中国联通	1 190 060
中国移动	389 573
中国教育和科研计算机网	61 440
中国科技网	35 840
中国国际经济贸易互联网	2
合　计	4 717 761

三、主流 Internet 应用

Internet 应用技术的发展基本可分成三个阶段。第一阶段是 Internet 应用出现的早期,Internet 只提供基本的网络服务功能,主要包括 DNS(Domain Name System,域名系统)、e-mail(Electronic Mail,电子邮件)、FTP(File Transfer Protocol,文件传输协议)、Telnet(远程登录)、BBS(Bulletin Board System,电子公告牌系统)和 UseNet(User's Network,网络新闻组)等应用。第二阶段开始于 Web 技术出现的时期,各种基于 Web 技术的服务类型发展迅速,特别是搜索引擎、电子商务、电子政务、远程教育等应用。第三阶段开始于 P2P 技术出现的时期,出现了一些基于 Web 和 P2P 网络的新应用,例如 VOIP(Voice over Internet Protocol,网络电话)、IPTV(Internet Protocol Television 网络电视)、Blog(博客)、MicroBlog(微博)、Podcast(播客)、IM(Instant Messaging,即时通信)、网络游戏、网络视频、网络广告、网络出版等新服务,为 Internet 产业与现代信息服务业增加了新的产业增长点。Internet 应用发展历程如图 2 - 1 - 1 所示。

图 2 - 1 - 1 Internet 应用发展历程

(一)基本的 Internet 服务

1. 域名服务

(1)域名系统概述

IP 地址是一个具有 32 比特的二进制数,可以用十进制表示,例如"221.231.109.41"。IP 地址解决了 Internet 的全局地址问题,通过 IP 地址可以找到唯一的一台主机。对于人们来说,要记住 IP 地址比较困难,人们更喜欢使用名字表示一台主机,例如"www.yctc.edu.cn",每个字符都代表一定的意义,并且在书写上有一定的规律。因此,Internet 采用了域名系统。域名系统为用户提供 Internet 上的域名,唯一标识自己的计算机,并保证域名和 IP 地址一一对应的网络服务。

IP 地址的解析是由分布在因特网上的许多域名服务器程序共同完成的。域名服务器程序在专设的结点上运行,而人们也常把运行域名服务器程序的机器称为域名服务器。举例说明,当某用户通过浏览器访问域名 www.yctc.edu.cn 时,浏览器进程需要将域名映射为 IP 地址并与之建立通信连接。该应用进程调用一个名为解析器的库函数,并将名字作为参数传递给此程序。解析器向本地 DNS 服务器发送一个包含该名字的请求报文,本地 DNS 服务器查询该域名,并且返回一个包含该名字对应 IP 地址的响应报文给解析器,解析器再将 IP 地址返回给上述应用进程。该进程获得 IP 地址后即可进行通信。

若本地域名服务器程序不能回答该请求,则此域名服务器程序就暂时称为 DNS 中的另一个客户,并向其他域名服务器程序发出查询请求,这个过程直到找到能够回答该请求的域名服务器程序为止。

（2）Internet 的域名结构

Internet 域名采用层次结构,排列原则为:低层域名在前面,它所属的高层域名在后面,中间用符号".″来分开。Internet 域名的基本格式为:四级域名.三级域名.二级域名.顶级域名。例如,"www.yctc.edu.cn"表示盐城师范学院网站。

域名系统将整个 Internet 划分为多个顶级域,并为每个域规定通用的顶级域名。表2-1-2 列出了顶级域名分配方法。由于美国是 Internet 的发源地,因此美国的顶级域名是以组织机构来划分。例如,com 表示商业公司,edu 表示教育机构。其他国家的顶级域名是以地理模式来划分,每个申请接入 Internet 的国家和地区都作为一个顶级域出现。例如,cn 表示中国,fr 表示法国,jp 表示日本,uk 表示英国,ca 表示加拿大,au 表示澳大利亚。

表 2-1-2　顶级域名分配方案

域名类型	域名类型	域名类型	域名类型
com	公司企业	net	网络服务机构
org	非营利性组织	int	国际组织
edu	美国专用的教育机构	gov	美国的政府部门
mil	美国的军事部门	aero	航空运输企业
asia	亚太地区	biz	公司和企业
cat	使用加泰隆人的语言和文化团体	coop	合作团体
info	信息服务	jobs	人力资源管理者
mobi	移动产品与服务的用户和提供者	museum	博物馆
name	个人	pro	有证书的专业人员
tel	Telnic 股份有限公司	travel	旅游业
国家或地区代码	各个国家或地区		

NIC（Network Information Center,网络信息中心）将顶级域的管理权授予指定的管理机构,各个管理机构再为自己管理的顶级域分配二级域,并将二级域的管理权授予其下属的管理机构,如此层层细分,形成域名系统的层次结构。域名系统采用层次结构的优点是:各个组织在域中可以自由选择域名,只要保证在域中的唯一性,而不用担心与其他域的域名发生冲突。

CNNIC 负责管理我国的顶级域,它将 cn 域划分为多个二级域,具体分配方案如表2-1-3 所示。我国二级域的划分为"类别域名"与"行政域名"两大类。"类别域名"共7个,对应表 2-1-3 中的前 7 个。"行政域名"共 34 个,适用于我国的各省、自治区、直辖市。例如,bj 代表北京市,sh 代表上海市,tj 代表天津市,hb 代表河北省,hl 代表黑龙江省,nm 代表内蒙古自治区,hk 代表香港地区。

表 2 - 1 - 3　中国二级域名分配方案

二级域名	域名类型	二级域名	域名类型
ac	中国的科研机构	com	中国的工、商、金融等企业
edu	中国的教育机构	gov	中国的政府机构
mil	中国的国防机构	net	中国的提供互联网络服务的机构
org	中国的非营利性组织	行政区域代码	中国的省、自治区、直辖市

用域名树来表示因特网的域名系统是最清楚的。最上面是根,根下面一级节点是顶级域名,顶级域名可往下划分子域,即二级域名,再往下划分就是三级域名、四级域名,以此类推。Internet 域名空间层次如图 2 - 1 - 2 所示,在顶级域名 cn 下面列举了 bj、edu、org 三个二级域名。在某个二级域名下注册的单位可以获得一个三级域名,如在 edu 下面有 tsinghua(清华大学)和 yctc(盐城师范学院)等三级域名,在 gov 下面有南京(南京市人民政府)、盐城(盐城市人民政府)等三级域名。一旦某个单位拥有了域名,它可以自行规划下属的子域,如图 2 - 1 - 2 中所示,yctc 划分了自己的下一级域名 www、lib 和 mail,yancheng 划分了自己的下一级域名 www。

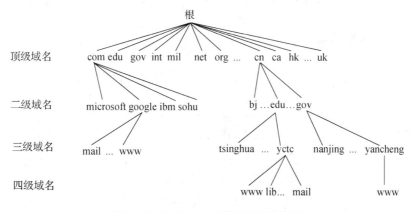

图 2 - 1 - 2　Internet 域名空间层次图

(3) 域名服务器

如何将 DNS 所包含的所有信息储存起来? 如果只使用一台计算机存储如此大容量的信息,将会导致低效率和不安全。更好的做法是与建立域名的层次结构一样,也建立 DNS 服务器的层次结构。将域名空间信息分布在多台称为 DNS 服务器的计算机中。一种方法是将整个空间划分为多个基于第一级的域,也就是说,让根节点保持不变,但创建许多与第一级节点同样多的子域,同时允许将第一级域进一步划分成更小的子域,每一台 DNS 服务器对某一个域进行负责。根服务器是指它的区域有整棵树组成的服务器,在 Internet 中共有 13 台根逻辑域名服务器。这 13 台逻辑根域名服务器中名字分别为"A"至"M",真实的根服务器在 2014 年 1 月 25 日的数据为 386 台,分布于全球各大洲。顶级域名服务器负责管理在该顶级域名服务器注册的所有二级域名。当收到 DNS 查询请求时,就给出相应的回答。

完整的域名层次结构是被分布在多个 DNS 服务器上的。一个 DNS 服务器负责的范围,称为区域(Zone),可以将一个区域定义为整棵树中的一个连续部分,此类 DNS 服务器称为权限域名服务器。如果某个 DNS 服务器负责一个域。而且这个域并没有进一步划分更小的域,此时域和区域是相同的。DNS 服务器有一个数据库,称为区域文件,它保存了这个域中所有节点的信息。然而,如果 DNS 服务器将它的域划分为多个子域,并将其部分授权委托给其他 DNS 服务器,name 域与区域就不同了。子域节点信息存放在子域 DNS 服务器中,上级域 DNS 服务器保存到子域 DNS 服务器的指针,它自己也可以保存一部分子域的详细信息。在这种情况下,它的区域是由具有详细信息的那部分子域以及已经授权给其他子域服务器负责的那部分子域所组成的。同样的道理,根服务器通常不保存关于域的任何详细信息,只是将其授权给其他服务器,但是根服务器保存到所有授权服务器的指针。

图 2-1-3 给出了一个树状结构的 DNS 域名结构的示例。名为域名 xyz. cn 的机构,被划分为 a. xyz. cn 和 b. xyz. cn 两个区。为了提高域名服务器的可靠性,每个区域中配有一个主服务器(Primary Server)和一个或多个辅助服务器(Secondary Server)。主服务器存储授权区域有关文件,负责创建、维护和更新区域文件,并将区域文件存储在本地磁盘中。辅助服务器既不创建也不更新区域文件,只是负责备份主服务器的区域文件。一旦主服务器出现故障,辅助服务器就可以接替主服务器负责这个授权区域的名字解析。

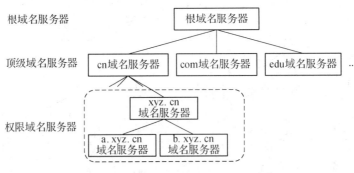

图 2-1-3 树状结构的 DNS 域名结构

2. 文件传输服务

文件传输是 Internet 中最早提供、最受欢迎的服务之一。文件传输服务采用文件传输协议(File Transfer Protocol,FTP),因此它又被称为 FTP 服务。FTP 的主要功能包括:浏览 Internet 上其他远程主机的文件系统;在 Internet 上的主机之间高速可靠地进行文件传输;使用 FTP 提供的内部命令实现一些特殊功能,如改变文件传输模式、实现多文件传输。FTP 服务伴随着 Internet 而发展起来,1971 年,第一个 FTP 技术文档出现标志着 FTP 诞生。在 Web 服务出现之前,人们主要通过 FTP 服务来共享文件资源。

FTP 服务器是指提供 FTP 服务的主机,它可以看作一个容量非常大的文件仓库。文件在 FTP 服务器中以目录结构保存,用户需要逐级打开目录找到文件,然后才能传输其中某个文件。FTP 服务的目录结构带来了使用上的不便。1990 年,第一个 FTP 搜索引擎 Archie 出现,它也被认为是现代搜索引擎的鼻祖。在 Internet 发展的初期,FTP 服务通信量占整个网络的三分之一。直到 1995 年,Web 服务的通信量才开始超过 FTP 服务。专题四将详细介绍 FTP 的工作原理以及 FTP 服务的配置与使用。FTP 服务的配置与使用方法将在专题四的任务二中详细讲解。

3. 电子邮件服务

电子邮件服务又称为 E-mail 服务,是 Internet 中最早提供、最受欢迎的服务之一,它是指用户通过 Internet 收发电子形式的邮件。电子邮件是一种非常方便、快速和廉价的通信手段,这些都是电子邮件所具有的基本特点。在传统通信中需要几天完成的投递过程,电子邮件服务仅用几分钟甚至几秒钟就能完成。

电子邮件是伴随着 Internet 而发展起来的。1971 年,电子邮件诞生于美国马萨诸塞州的 BBN 公司,该公司受聘于美国军方参与 ARPANET 的建设与维护。电子邮件的发明者是 BBN 公司的 Ray,他在对已有的文件传输程序的基础上,开发出在 ARPANET 中收发信息的电子邮件程序。为了让人们拥有易于识别的电子邮件地址,汤姆林森决定用"@"符号隔开用户名与邮件服务器地址,这就是现在使用的电子邮件地址的起源。

在 1990 年前,电子邮件主要被用于学术界。在整个 20 世纪 90 年代,它变得普及起来并呈指数形式增长。即时通信和 IP 语音在近 10 年有了极大的发展,但是电子邮件仍然是 Internet 通信的主要负载。电子邮件广泛地应用于业界公司的内部通信,例如分散在世界各地的员工就一个复杂项目进行协同。

最初,电子邮件受到网络传输速度的限制,那时用户只能发送一些简短的信息。20 世纪 90 年代起,多媒体功能变得非常重要,电子邮件可以包括图像和其他非文字材料。相应地,阅读和编辑电子邮件的客户端软件也从单纯的基于文本阅读转变成图形用户界面,并且为用户增加了在任何地方通过电脑或移动智能设备访问邮件的能力。专题四将详细介绍电子邮件的工作原理与使用方法。电子邮件代理软件的使用将在专题四任务四中详细讲解。

（二）基于 Web 的网络服务

1. Web 服务概述

WWW(World Wide Web),中文名称为万维网,Web 是其俗称,它是一个体系结构框架。该框架将分布在整个 Internet 数百万台机器上的内容链接起来供人们访问。Web 系统采用客户机/服务器结构。在服务器端,定义了一种组织多媒体文件的标准——HTML (Hypertext Markup Language,超文本标识语言),按 HTML 格式储存的文件被称为超文本文件,俗称网页,在每一个超文本文件中都是通过一些超链接把该文件与其他超文本文件连接起来而构成一个整体的。在客户端,WWW 系统通过使用浏览器访问 Internet 中的网页。Web 可以看作一个分布式的超媒体系统,网页是其信息的基本组织单位,通过它可以访问其链接的各种类型的信息,包括文本、图片、音频、视频等各种文件。WWW 中的数据依赖于 HTTP(HyperText Transfer Protocol,超文本传输协议)进行传输。WWW 最大的特点是拥有非常友善的图形界面、非常简单的操作方法以及图文并茂的显示方式。

1989 年,Web 技术诞生于欧洲原子能研究中心 CERN,最初的用途只是在研究者之间交换实验数据,后来逐渐发展成一种重要的 Internet 应用。1993 年,第一个图形界面的 Web 浏览器问世,这就是著名的 Mosaic 浏览器,它提供一种使用 Web 服务的便捷手段。正是由于 Web 这种新的服务类型出现,促使 Internet 从最初主要由研究人员与大学生使用,转变为人们广泛使用的一种信息交互工具。Web 服务的出现使 Internet 的用户数呈指数规律增长。Web 是 Internet 发展中的里程碑,它直接推动着 Internet 应用的快速发展。

从 20 世纪 90 年代到 21 世纪初,网站和网页成指数倍地增长,直到达到具有数百万计网站和数十亿网页的规模。这些网站中的小部分盛极一时,它们及其背后的公司主要定义了 web,正如今天人们所体验的那样。这些公司包括书店(亚马逊 amazon. com,1994 年成立,市值 500 亿美元)、跳蚤市场(易趣 eachnet. com,1995 年成立,市值 300 亿美元)、搜索(谷歌 google. com,1998 年成立,市值 150 亿美元)和社会网络(脸谱 facebook. com,2004 年成立,市值超过 150 亿美元)。专题四将详细介绍 WWW 的工作原理以及 Web 服务的配置与使用。

2. 搜索引擎

(1) 搜索引擎简介

① 搜索引擎产生背景

Internet 中的信息量正在呈爆炸性的增长。截至 2014 年,全球互联网网站数量已经超过 10 亿,且仍在急速增长,中国网站数量为 335 万个,中国网页数量为 1899 亿个。面对 Internet 中如此海量的信息资源,用户要快速、有效地查找到需要的信息,就需要借助于 Internet 中的搜索引擎。搜索引擎(Search Engines)可以说是最成功的 Web 应用。

搜索引擎是指对 WWW 站点资源和其他网络资源进行标引和检索的一类检索系统。从功能上说,搜索引擎允许用户递交查询,检索出与查询相关的网页结果列表,并且排序输出。从构成上看,搜索引擎实际上是 Internet 上的一种专用服务器,它的主要任务是在 Internet 上主动搜索 Web 服务器信息并将其自动索引,并将其索引内容存储于可供查询的大型数据库中。

② 搜索引擎工作原理

搜索引擎通常包括 3 个组成部分:搜索器、索引数据库和检索器。图 2-1-4 给出了搜索引擎的工作原理。其中,搜索器负责在 Internet 中抓取网页,收集信息;索引器负责建立索引数据库;检索器在索引数据库中搜索并将结果排序。

搜索引擎至少都包含一个搜索器,它按事先设定的规则来收集 Internet 中的特定信息。当搜索器发现新的网页或 URL 地址时,就会通过自身的软件代理收集网页信息,并将这些信息发

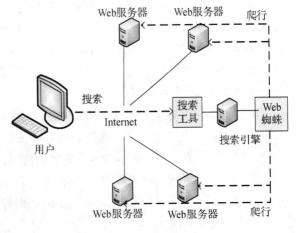

图 2-1-4 搜索引擎的工作原理

送给搜索引擎的索引器。大多数搜索引擎并不真正搜索互联网,它搜索的实际上是预先整理好的网页索引数据库。搜索引擎也不能真正理解网页上的内容,它只能机械地匹配网页上的文字。

(2) 搜索引擎的分类

① 按检索机制划分

全文搜索引擎。从互联网上提取的各个网站的信息而建立的数据库中,检索与用户查询条件匹配的相关记录,然后按一定的排列顺序将结果返回给用户。从搜索结果来源的角度,全文搜索引擎又可细分为两种:一种是拥有自己的检索程序,并自建网页数据库,搜索结果直接从自身的数据库中调用;另一种则是租用其他引擎的数据库,并按自定的格式排列搜索结果,如 Lycos 引擎。优点是查询全面、充分,用户能够对各网站的每篇文章中的每个词进行搜索,检索直接、方便,而且可使用布尔逻辑检索、短语检索等高级功能。缺点是繁多而杂乱的感觉。代表性的全文搜索引擎是 Google(www. google. com)、百度(www. baidu. com)。百度的全文搜索引擎页面如图 2-1-5 所示。

图 2-1-5 百度的全文搜索引擎页面

目录式搜索引擎。通过用户浏览层次类型目录来寻找所需信息。分类一般按主题分类,并辅之以年代、地区等分类。网站多以此方式组织。例如:新浪>分类目录>计算机与互联网>硬件>行情报价。优点是使用户清晰方便地查找到某一大类信息,尤其适合那些希望了解某一范围内信息,并不严格限于查询关键字的用户。缺点是搜索范围较全文搜索引擎要小许多,尤其是当用户选择类型不恰当时,可能遗漏某些重要的信息源。代表性的目录式搜索引擎是 Yahoo(www. yahoo. com)、搜狐(www. sohu. com)、新浪网站(www. sina. com. cn)。新浪网站的目录式搜索引擎如图 2-1-6 所示。

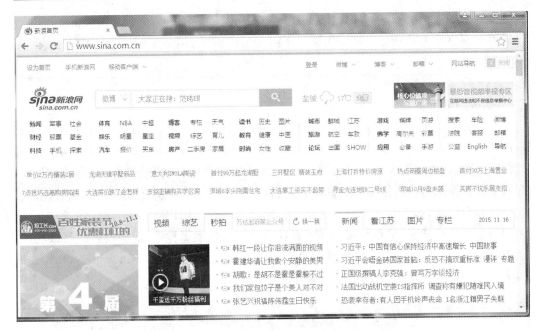

图 2 - 1 - 6　新浪网站的目录式搜索引擎页面

② 按检索内容划分

通用型搜索引擎。在采集标引信息资源时不限制资源的主题范围和数据类型，又称为综合型检索工具。如：Google、百度、Bing 等都有这种混合功能。微软公司的 Bing 搜索引擎页面如图 2 - 1 - 7 所示，它既提供全文搜索，也提供目录搜索功能。

图 2 - 1 - 7　Bing 搜索引擎页面

专题型检索工具。指那些专门用来检索某一类型信息和数据的检索工具，如中国知网（www.cnki.net）面向读者提供中国学术文献、外文文献、学位论文、报纸、会议、年鉴、工具书等各类资源统一检索、统一导航等，中国知网搜索引擎页面如图 2 - 1 - 8 所示。搜库(www.soku.com)是由优酷2010年4月上线推出的专业视频搜索引擎,提供优酷站内视频以及全网视频的搜索功能,其首页如图2-1-9所示。

图2-1-8　中国知网搜索引擎页面

图2-1-9　搜库搜索引擎页面

③ 按数据来源划分

独立搜索引擎。拥有独立的采集标引机制和独立的数据库，Google、百度、Bing、搜狐、新浪搜索引擎都属于独立搜索引擎。

元搜索引擎。没有自己的数据库，它利用一个统一的界面，查询其他独立的搜索引擎。元搜索引擎在接受用户查询请求时，同时在其他多个引擎上进行搜索，并将结果返回给用户。优点是快捷，信息覆盖面更加广泛。缺点是高级检索功能不完善，检索结果没有经过处理。著名的元搜索引擎有 InfoSpace、Dogpile、Vivisimo 等。InfoSpace 网站的元搜索引擎页面如图 2-1-10 所示。

图 2-1-10 InfoSpace 网站的元搜索引擎页面

3. 电子商务

（1）电子商务简介

电子商务是发展迅速的服务类型。电子商务是指人们利用电子化手段进行以商品交换为中心的各种商务活动，如企业与企业、企业与消费者、个体商家与消费者利用计算机网络进行的商务活动，包括网络营销、网络广告、网上商贸洽谈、电子购物、电子支付、电子结算等。1997 年 11 月，世界电子商务会议对电子商务的解释为：在业务上，电子商务是指实现整个贸易活动的电子化，交易各方以电子交易方式进行各种形式的商业交易；在技术上，电子商务采用电子数据交换、电子邮件、数据库、条形码等技术。

电子商务与传统商务比较，有较为明显的优势。对企业而言，电子商务可以降低采购价格，减少库存和商品积压，缩短生产周期，提供更有效的客户服务，降低运营成本，并且带来新的销售机会。对消费者而言，电子商务降低购物成本，无时空限制，方便轻松，更为便捷地得到全方位的服务。近几年，电子商务在世界范围内得到快速发展。根据 CNNIC 的统计显示，截至 2015 年 6 月，我国上网用户的网络购物比例为 56%，使用网络购物的人数达到 3.74 亿。网络购物用户以经济发达地区、高学历与高收入的用户群体为主。同时,网上购物与网络支付、网络银行等金融活动密切相关,大多数网络购物用户也在使用网络金融服务。

电子商务的运行环境是大范围的、开放性的 Internet,通过各种技术将参加电子商务的各方联系起来。图 2-1-11 给出了电子商务的基本结构。电子商务系统主要涉及网上商店、网上银行、认证机构与物流机构等。电子商务交易能够完成的关键在于:安全地实现在网上的信息传输和在线支付功能。

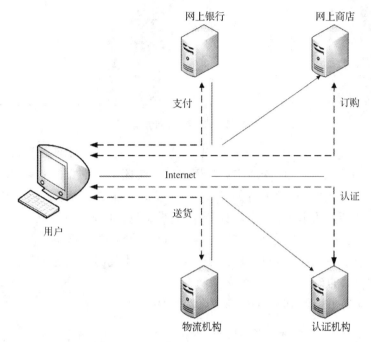

图 2-1-11　电子商务系统架构示意图

(2) 电子商务分类

根据交易对象的不同,电子商务可分为三种类型。

① B2C(Business to Consumer,企业与个人)。消费者与企业之间利用 Internet 进行的电子商务活动。国内外多个著名的电子商务网站均属于这种类型,国外的包括:美国亚马逊(www. amazon. com),全球最大的户外用品连锁零售组织 REI(www. rei. com),美国新蛋(www. newegg. com)等,国内的包括:京东商城(www. jd. com),当当(www. dangdang. com),1 号店(www. yhd. com)等。这些电子商务网站提供各种商品销售与相关服务,其买卖的商品可以是书籍、服装、食品、数码产品等实物,也可以是软件、视频学习资料、电子书籍等数字产品,也可以是保险、彩票、旅游、医疗诊断和远程教育等服务。京东商城首页如图 2-1-12 所示。

② B2B (Business to Business,企业与企业)。企业之间利用 Internet 进行的电子商务活动。B2B 电子商务使企业可以利用 Internet 寻找最佳的合作伙伴,完成从订购、运输、交货到结算、售后服务的全部商务活动。国外的著名 B2B 平台包括:IndiaMART(indiamart. com)、EC Plaza(ecplaza. net)、自助贸易(diytrade. com)等。阿里巴巴集团是

图 2-1-12　京东商城首页

国内著名的提供电子商务平台及其服务的公司,阿里巴巴国际交易市场首页如图 2-1-13所示。阿里巴巴国际交易市场是阿里巴巴集团最先创立的业务,是领先的跨界批发贸易平台服务全球数以百万计的买家和供应商。小企业可以通过阿里巴巴国际交易市场,将产品销售到其他国家。阿里巴巴国际交易市场上的卖家一般是来自中国以及印度、巴基斯坦、美国和日本等其他生产国的制造商和分销商。1688(前称"阿里巴巴中国交易市场")创立于 1999 年,是在阿里巴巴集团旗下零售市场经营业务的商家,提供了从本地批发商采购产品的渠道,是中国领先的网上批发平台,1688 首页如图 2-1-14 所示。阿里巴巴国际交易市场和 1688 平台都是典型的 B2B 平台。

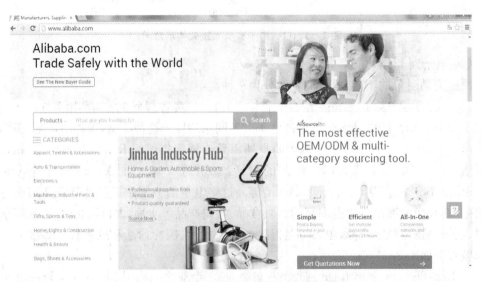

图 2-1-13　阿里巴巴国际交易市场首页

　③ C2C(Consumer to Consumer,个人与个人)。个人之间利用 Internet 进行的电子商务活动,通常称为网上拍卖市场。C2C 电子商务通常是为买卖双方提供一个在线交易

图 2 - 1 - 14　1688 首页

平台,卖方可以提供商品进行销售或拍卖,买方可以选择商品进行购买或竞价。由于 C2C 电子商务的交易双方都是个人,为了保证交易的安全性与解决可能出现的纠纷,这类网站通常提供支付工具与用户评价机制。ebay(ebay.com)是一个管理可让全球民众上网买卖物品的线上拍卖及购物网站,于 1995 年 9 月创立于加利福尼亚州,ebay 首页如图 2 - 1 - 15所示。淘宝网(taobao.com)是亚太地区较大的网络零售商圈,由阿里巴巴集团在 2003 年 5 月创立。同年 10 月阿里巴巴集团推出第三方支付工具"支付宝",以"担保交易模式"使消费者对淘宝网上的交易产生信任。截至 2014 年底,淘宝网拥有注册会员近 5 亿,日活跃用户超 1.2 亿,在线商品数量达到 10 亿。在 C2C 市场,淘宝网占 95.1% 的市场份额,淘宝网首页如图 2 - 1 - 16 所示。

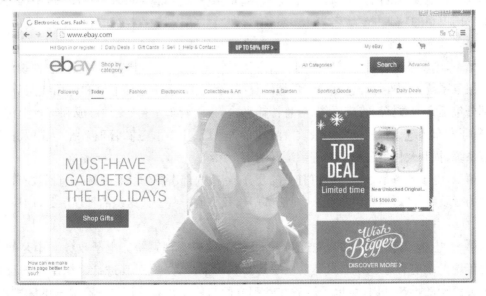

图 2 - 1 - 15　ebay 首页

图 2 - 1 - 16　淘宝网首页

4. 电子政务

(1) 什么是电子政务

电子政务是政府部门/机构利用现代信息科技和网络技术,实现高效、透明、规范的电子化内部办公,协同办公和对外服务的程序、系统、过程和界面。具体来说,电子政务指各级政府机构的政务处理电子化,包括内部核心政务电子化、信息公布与发布电子化、信息传递与交换电子化、公众服务电子化等。我国的电子政务近几年来发展速度很快,并逐步成为我国各级政府的网上窗口。根据 CNNIC 的数字统计,截至 2017 年 12 月,我国各级政府部门申请的"gov. cn"域名为 47 941 个。

电子政务是一个系统工程,应该符合三个基本条件:

第一,电子政务是必须借助于电子信息化硬件系统、数字网络技术和相关软件技术的综合服务系统。硬件部分包括内部局域网、外部互联网、系统通信系统和专用线路等;软件部分包括大型数据库管理系统、信息传输平台、权限管理平台、文件形成和审批上传系统、新闻发布系统、服务管理系统、政策法规发布系统、用户服务和管理系统、人事及档案管理系统、福利及住房公积金管理系统等数十个系统。

第二,电子政务是处理与政府有关的公开事务、内部事务的综合系统。包括政府机关内部的行政事务以外,还包括立法、司法部门以及其他一些公共组织的管理事务,如检务、审务、社区事务等。

第三,电子政务是新型的、先进的、革命性的政务管理系统。电子政务并不是简单地将传统的政府管理事务原封不动地搬到互联网上,而是要对其进行组织结构的重组和业务流程的再造。因此,电子政务在管理方面与传统政府管理之间有显著的区别。

（2）电子政务的优势

电子政务的优势主要在：

第一，有利于提高政府的办事效率。政府部门可以依靠电子政务系统办理更多的公务，行政管理的电子化和网络化可以取代很多过去由人力驱动的繁琐劳动。

第二，有利于提高政府的服务质量。政府部门的信息发布和很多公务处理转移到网上，给企业和公众带来了很多便利。例如，企业的申报、审批等转移到网上进行，可以大大降低企业的运营成本。

第三，有利于增加政府工作的透明度。政府部门在网上发布信息与公开办公流程，既保护了公众的知情权、参与权和监督权，又拉近了公众和政府之间的关系，有利于提高公众对政府的信任。

第四，有利于政府的廉政建设。电子政务规范办事流程与公开办事规则，通过现代化的电子政务手段，减少了那些容易滋生腐败的"暗箱操作"。

第五，有利于提高行政监管的有效性。20 世纪 90 年代中期，我国开始建设"金关工程""金税工程"等，大大加强了政府部门对经济监管力度。公安部门的网上追逃也取得了显著的社会效益。

（3）电子政务的分类

根据服务对象不同，电子政务可以分为四类：

G2G（Government to Government，行政机关到行政机关）。G2G 是一种政府对政府的电子政务应用模式，是电子政务的基础性应用。G2G 之间的电子政务，即上下级政府、不同地方政府和不同政府部门之间实现的电子政务活动，如下载政府机关经常使用的各种表格，报销出差费用等，以节省时间和费用，提高工作效率。

G2B（Government to Business，政府到企业）。G2B 电子政务主要是利用 Internet 建立起有效的行政办公和企业管理体系，以提高政府工作效率。

G2C（Government to Citizen，政府到公众）。G2C 是政府通过电子网络系统为公民提供各种服务。G2C 电子政务所包含的内容十分广泛，主要的应用包括公众信息服务、电子身份认证、电子税务、电子社会保障服务、电子民主管理、电子医疗服务、电子就业服务、电子教育、培训服务、电子交通管理等。G2C 电子政务的目的是除了政府给公众提供方便、快捷、高质量的服务外，更重要的是可以开辟公众参政、议政的渠道，畅通公众的利益表达机制，建立政府与公众的良性互动平台。

G2E（Government to Employee，政府到政府公务人员）。G2E 是一种提高内部效率效能的电子政务模式。

图 2-1-17 给出了一个典型的 G2E 电子政务系统的功能模块，包括公文审批流转、日常办公管理、档案管理等模块，实现信息的网络推送与"无纸化"办公。一个成功的电子政府系统应该具有推动跨部门跨系统的系统应用、地级市电子政务统一平台、更完善的安全标准、规范即评价体系等特点，具体要素如图 2-1-18 所示。

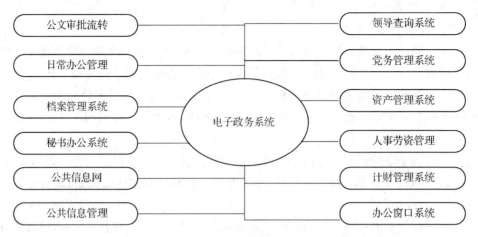

图 2－1－17　G2E 电子政务系统的功能模块

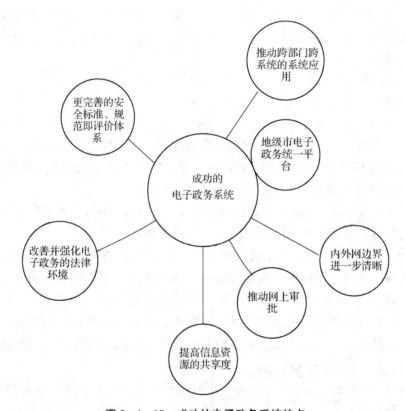

图 2－1－18　成功的电子政务系统特点

图 2－1－19 为江苏省人民政府电子政府系统首页,该系统为江苏公众提供了政府工作信息、地方要闻等信息与省长的互动交流接口"省长信箱"。在首页中提供了养老保险、国税办理、地税办理、医疗保险等各职能部门的 G2B、G2C 电子政务系统的链接地址。

图 2 - 1 - 19　江苏省人民政府电子政府系统首页

图 2 - 1 - 20 为城乡居民社会养老保险电子政务系统首页,它不仅为公众提供了相关的政策法规的浏览与下载功能,还为公众提供了个人养老保险信息的查询功能。

图 2 - 1 - 20　城乡居民社会养老保险电子政务系统首页

5. 远程教育

(1) 什么是远程教育

远程教育是学生与教师、学生与教育组织之间主要采取多种媒体方式进行系统教学和通信联系的教育形式,是将课程传送给校园外的一处或多处学生的教育形式。远程教育在中国的发展经历了三代：第一代是函授教育，这一方式为我国培养了许多人才，但是函授教育具有较大的局限性；第二代是 20 世纪 80 年代兴起的广播电视教育，我国的这一远程教育方式和中央电视大学在世界上享有盛名；90 年代，随着信息和网络技术的发展，产生了以信息和网络技术为基础的第三代现代远程教育。

现代远程教育是指通过音频、视频（直播或录像）以及包括实时和非实时在内的计算机技术把课程传送到校园外的教育。现代远程教育是随着现代信息技术的发展而产生的一种新型教育方式。计算机技术、多媒体技术、通信技术的发展，特别是 Internet 的迅猛发展，使远程教育的技术手段有了质的飞跃，成为高新技术条件下的远程教育。现代远程教育是以现代远程教育手段为主，兼容面授、函授和自学等传统教学形式，多种媒体优化组合的教育方式。

远程教育可以充分利用师资力量和教学资源，通过 Internet 传输包括文字、图像、声音、动画等教学信息，激发学生学习积极性，产生良好的教学效果。由于不需要到指定的地点上课，学生可以随时随地在 Internet 上选择自己需要的信息内容，从而逐步形成一种以学生为中心的主动性学习方式。招生对象不受年龄和先前学历限制，所以远程教育为不同基础，不同经历的受教育者提供了学习的机会，也使不同背景、不同职业的受教育者能够接受继续教育。远程教育系统结构如图 2-1-21 所示。

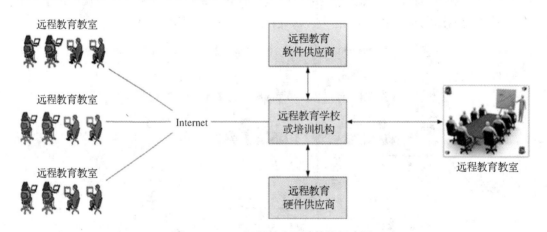

图 2-1-21 远程教育系统结构示意图

（2）远程教育的分类

远程教育主要分为如下四种类型：

① 基础远程教育。由中、小学等教育机构提供的远程教育。

② 高等远程教育。由大学、大专等高等院校提供的远程教育。

③ 网络职业培训。由各种社会培训机构提供的远程教育，面向对象十分广泛，提供各种职业技能培训、考试辅导或认证培训。

④ 企业 E-Learning。由面向企业职员的远程教育，它是企业员工继续教育与培训的一种方式。

远程教育的方式通常分为以下四种：

① 实时远程教学。它利用多媒体通信网进行点对点或点对多点的远程教学方式。

教师在主播室授课,学生在另一端远程多媒体教室听课,教师与学生、学生与学生之间可进行实时交流讨论。

② 模拟教室教学。它是在网络服务器上存放各门课程的课件,利用网上教学管理软件模拟教室的环境,例如教师上课,制定作业,学生学习和提问,教师答疑等。学生可以随时随地通过 Internet 以合法用户名和密码登录到远程教育系统后,即可进入虚拟教室学习。

③ 远程考试。它是一种基于数据库和 Internet 的远程在线实时测试方法。包括学生考试系统、教师批阅系统和题库管理系统等。

④ 教学反馈。它包括教学反馈和答疑系统。在这个系统里,提供带有智能搜索引擎的数据库系统,其中存放了学生在学习过程中存在的问题和其对应的解答。对于学生的提问,系统通过对关键字的匹配,搜索算法和问题的关联技术,自动地在数据库中寻找最合适的答案,提供给学生。

（3）流行的远程教育模式

远程教育系统主要包括远程教育学校或培训机构、软件提供商、硬件提供商。远程教育学校或培训机构提供教学内容管理与服务,它可以有自己的专业师资,也可以利用各个院校或培训机构的资源。软件提供商提供教学平台、教务管理系统、教学评测和安全管理等;硬件提供商提供远程教育所需的硬件设备,如网络硬件设备、客户端设备和与教学相关的教具和实验设备。

MOOC(Massive Open Online Courses,大型开放式网络课程)、SPOC(Small Private Online Course,小规模限制性在线课程)是现在最流行远程教育模式。

MOOC 是 2011 年末从美国硅谷发端起来的在线学习浪潮。2012 年,斯坦福、哈佛、MIT 等顶尖名校主动将他们的课程制成视频,上传到特定的网络平台上,免费供全世界的人们学习。人们可以不受时间、地点的限制,听常青藤名校的课,一睹慕名已久的知名教授的授课风采,还可以获得一张名校名课的结课证书。

MOOC 与网络公开课有很大不同,以往的网络公开课是通过视频看老师给别人上课,而 MOOC 给用户一种老师在给你上课的体验。具体来说,MOOC 课程都是定期开课的。课程视频通常很短,几分钟到十几分钟不等,更符合网络时代碎片化的阅读特点。MOOC 的课上还会有很多小问题,你必须答对问题才能继续上课。MOOC 有作业,有期末考试,通过考试才能获得结课证书。如果在学习中有问题,你还可以在课程论坛发帖求解,可能会得到来自世界任何角落的帮助者的解答。

Coursera、Udacity、edX 是世界著名的三大课程提供商,他们与世界顶尖大学合作,在线提供免费的网络公开课程。以 Coursera 为例,截至 2015 年 11 月,Coursera 拥有 16 249 879 个注册学生用户,发布了 1479 课程,拥有来自世界 27 个国家的 138 个合作伙伴。复旦大学、西安交通大学、上海交通大学、中国科技大学、南京大学、北京大学先后与 Coursera 建立了关系。图 2-1-22 为 Coursera 首页,图 2-1-23 为南京大学操作系统 MOOC 首页。

图 2-1-22　Coursera 首页

图 2-1-23　南京大学操作系统 MOOC 首页

网易云课堂(http://study.163.com/),是网易公司打造的在线实用技能学习平台,该平台于 2012 年 12 月底正式上线,主要为学习者提供海量、优质的课程,用户可以根据自身的学习程度,自主安排学习进度。立足于实用性的要求,网易云课堂与多家教育、培训机构建立合作,课程数量已达 4100＋,课时总数超 50 000,涵盖实用软件、IT 与互联网、外语学习、生活家居、兴趣爱好、职场技能、金融管理、考试认证、中小学、亲子教育等十余大门类。网易云课堂首页如图 2-1-24 所示。

图 2-1-24 网易云课堂首页

"爱课程"网(http://www.icourses.cn/home/)是教育部、财政部在"十二五"期间启动实施的"高等学校本科教学质量与教学改革工程"支持建设的高等教育课程资源共享平台。"爱课程"网集中展示"中国大学视频公开课"和"中国大学资源共享课",并对课程资源进行运行、更新、维护和管理。网站利用现代信息技术和网络技术,面向高校师生和社会大众。提供优质教育资源共享和个性化教学资源服务,具有资源浏览、搜索、重组、评价、课程包的导入导出、发布、互动参与和"教""学"兼备等功能。"爱课程"首页如图2-1-25所示。

图 2-1-25 "爱课程"首页

SPOC 是由加州大学伯克利分校的阿曼德.福克斯教授最早提出和使用的。Small 和 Private 是相对于 MOOC 中的 Massive 和 Open 而言,Small 是指学生规模一般在几十人到几百人,Private 是指对学生设置限制性准入条件,达到要求的申请者才能被纳入 SPOC 课程。

当前的 SPOC 教学案例,主要是针对围墙内的大学生和在校学生两类学习者进行设置,前者是一种结合了课堂教学与在线教学的混合学习模式,是在大学校园课堂,采用 MOOC 的讲座视频(或同时采用其在线评价等功能),实施翻转课堂教学。其基本流程是,教师把这些视频材料当作家庭作业布置给学生,然后在实体课堂教学中回答学生的问题,了解学生已经吸收了哪些知识,哪些还没有被吸收,在课上与学生一起处理作业或其他任务。总体上,教师可以根据自己的偏好和学生的需求,自由设置和调控课程的进度、节奏和评分系统,后者是根据设定的申请条件,从全球的申请者中选取一定规模(通常是500 人)的学习者纳入 SPOC 课程,入选者必须保证学习时间和学习强度,参与在线讨论,完成规定的作业和考试等,通过者将获得课程完成证书。而未申请成功的学习者可以以旁听生的身份注册学习在线。重庆大学 SPOC 课程首页如图 2-1-26 所示。

图 2-1-26　重庆大学 SPOC 课程首页

(三)新型网络应用

1. 博客与微博

(1)什么是博客

博客,英文名为 Blogger,为 Web Log 的混成词。它的正式名称为网络日志,是一种通常由个人管理、不定期张贴新的文章的网站。博客上的文章通常根据张贴时间,以倒序方式由新到旧排列。许多博客专注在特定的课题上提供评论或新闻,其他则被作为比较个人的日记。一个典型的博客结合了文字、图像、其他博客或网站的链接及其他与主题相关的媒体。能够让读者以互动的方式留下意见,是许多博客的重要因素。博客是社会媒体网络的一部分,截至2013年,国内已有数十家大型博客站点,包括:新浪博客、网易博客、搜狐博客、腾讯博客、博客中国等。图2-1-27为网易博客的首页。

图 2-1-27 网易博客首页

(2)博客分类

博客按用户不同可分为:

● 个人博客

① 亲朋之间的博客(家庭博客):这种类型博客的成员主要由亲属或朋友构成,他们是一种生活圈、一个家庭或一群项目小组的成员。

② 协作式的博客:与小组博客相似,其主要目的是通过共同讨论使得参与者在某些方法或问题上达成一致,通常把协作式的博客定义为允许任何人参与、发表言论、讨论问题的博客日志。图2-1-28为某一技术博客的页面。

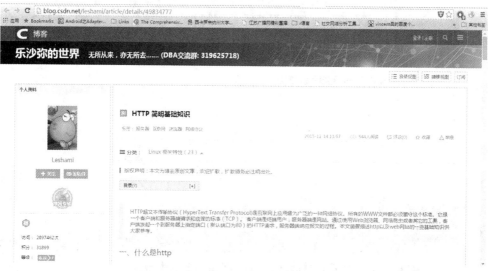

图 2-1-28 个人博客页面

③ 公共社区博客:公共出版在几年以前曾经流行过一段时间,但是因为没有持久有效的商业模型而销声匿迹了。廉价的博客与这种公共出版系统有着同样的目标,但是使用更方便,所花的代价更小,所以也更容易生存。

● 企业博客

以公关和营销传播为核心的博客应用已经被证明将是商业博客应用的主流。

① CEO 博客。"新公关维基百科"到 2016 年 11 月初已经统计出了近 200 位 CEO 博客,或者处在公司领导地位者撰写的博客。美国最多,有近 120 位;其次是法国,近 30 位;英、德等欧洲国家也都各有先例。中国没有 CEO 博客列入其中。这些博客所涉及的公司虽然以新技术为主,但也不乏传统行业的国际巨头,如波音公司等。

② 企业高管博客。即以企业的身份而非企业高管或者 CEO 个人名义进行博客写到"新公关维基百科"统计到 85 家严格意义上的企业博客。不单有惠普、IBM、思科、迪斯尼这样的世界百强企业,也有 Stonyfield Farm 乳品公司这样的增长强劲的传统产业,这家公司建立了 4 个不同的博客,都很受欢迎。服务业、非营利性组织、大学等,如咖啡巨头星巴克、普华永道事务所、Tivo、康奈尔大学等也都建立了自己的博客。NOVELL 公司还专门建立了一个公关博客,专门用于与媒介的沟通。

③ 企业产品博客。专门为了某个品牌的产品进行公关宣传或者以为客户服务为目的所推出的"博客"。据相关统计,目前有 30 余个国际品牌有自己的博客。例如在汽车行业,除了的日产汽车 Tiida 博客和 Cube 博客,我们看到了通用汽车的两个博客,不久前福特汽车的野马系列也推出了"野马博客",马自达在日本也为其 Atenza 品牌专门推出了博客。通用汽车还利用自身博客的宣传攻势协助成功地处理了《洛杉矶时报》公关危机。图 2-1-29 是某一公司的产品宣传博客。

图 2-1-29 产品介绍博客页面

④ "领袖"博客。除了企业自身建立博客进行公关传播,一些企业也注意到了博客群体作为意见领袖的特点,尝试通过博客进行品牌渗透和再传播。

⑤ 知识库博客。基于博客的知识管理将越来越广泛,使得企业可以有效地控制和管

理那些原来只是由部分工作人员拥有的、保存在文件档案或者个人电脑中的信息资料。知识库博客提供给了新闻机构、教育单位、商业企业和个人一种重要的内部管理工具。

（3）微博

微博目前是全球最受欢迎的博客形式，它是一个基于用户关系的信息分享、传播以及获取平台，用户可以通过 WEB、WAP 以及各种客户端组建个人社区，以 140 字左右的文字更新信息，并实现即时分享。字数限制之微，素以短小精悍酌称。微博的形式在很大程度上被称为一句话博客之精，它的短小、精炼大大提高了它的有效传播的速度及发布的速度。智能手机的普及，使得微博能够通过手机迅速发布，并且可以随地随时地看到社会事件、新闻的动态。图 2 - 1 - 30 为某用户的所关注的腾讯微博，图 2 - 1 - 31 为某用户的所关注的新浪微博，不同微博网站呈现的风格各有千秋。

图 2 - 1 - 30　腾讯微博页面

图 2 - 1 - 31　新浪微博页面

3. 网络视频

网络视频是在网络上以 WMV、RM、RMVB、FLV 以及 MOV 等视频文件格式传播的动态影像,包括各类影视节目、新闻、广告、FLASH 动画、自拍 DV、聊天视频、游戏视频、监控视频等。

目前,视频网站的内容多样,按其版权所属不同,可以分为三种:

(1)购买版权的视频。包括购买各个传媒集团、电视台、电影厂等创作的作品(电影、电视剧、电视节目等),为用户提供优质网络视频资源。

(2)视频网站自创内容的视频。视频网站自制剧集和自制栏目,可供用户分享。如优酷原创视频《老男孩》《万万没想到》;搜狐视频的《极品女士》,乐视的《学姐知道》等原创视频,整个视频网站的原创视频正处于一个井喷期。

(3)网站用户自制的视频。包括日常搞笑,相关音乐或个人演奏、二次创作等。图 2-1-32 是优酷拍客首页,该网站为用户提供了上传自己制作的视频,与他们分享的平台。"拍客"是指一群富有社会责任感、爱心和公信力的主流网络群体,他们眼界宽广,善于思考,习惯用视频影像表达和记录心情,表达他们对世界和人文的真实感受。"拍客"与年龄无关、与职业无关、与身份无关。只要你有一个具有录影功能的手机、相机或家用 DV 机及一双善于观察的眼睛,就能随时随地将身边的故事用视频的形式记录下来,然后发布到网上与大家一起分享,你就可以成为"拍客"。

图 2-1-32　优酷拍客频道首页

不同的网站主体内容往往不一样。

(1)视频分享类:主要代表优酷(www.youku.com)、土豆(www.tudou.com)、酷 6 (www.ku6.com)等。优酷网以"快者为王"为产品理念,注重用户体验,不断完善服务策略,其卓尔不群的"快速播放,快速发布,快速搜索"的产品特性,充分满足用户日益增长的多元化互动需求,使之成为中国视频网站中的领军势力。优酷网现已成为互联网拍客聚集的阵营。

（2）影视剧类：主要代表爱奇艺（www. iqiyi. com）、搜狐视频（tv. sohu. com）、暴风影音（www. baofeng. com）等。爱奇艺打造涵盖电影、电视剧、综艺、动漫在内的十余种类型的中国最大正版视频内容库，并通过"爱奇艺出品"战略的持续推动，让"纯网内容"进入真正意义上的全类别、高品质时代。

（3）新闻资讯类：如凤凰新闻（news. ifeng. com）、腾讯新闻（news. qq. com）、网易新闻（news. 163. com）等。凤凰新闻内容涵盖新闻、时事、军事、科技、财经、时尚、娱乐等，了解每日最新资讯。

（4）网络电视台类：网络电视台是指以宽带互联网、移动通信网等新兴信息网络为节目传播载体，融合网络特征与电视特征为一体的多终端、立体化传播平台，是新形态的广播电视播出机构。图 2-1-33 为 CCTV 官网首页，它为用户提供了 CCTV1、CCTV2 等多套央视节目的现场直播与往期节目点播。

图 2-1-33　CCTV 首页

3. 即时通信

IM（Instant Messaging，即时通信）是一种实时通信方式，允许两人或多人使用网络实时地传递文字消息、文件、语音与视频交流，它是目前 Internet 上最为流行的通讯方式之一。自 1998 年面世以来，特别是近几年的迅速发展，即时通信的功能日益丰富，逐渐集成了电子邮件、博客、音乐、电视、游戏和搜索等多种功能。即时通信不再是一个单纯的聊天工具，它已经发展成集交流、资讯、娱乐、搜索、电子商务、办公协作和企业客户服务等为一体的综合化信息平台。

当前使用的 IM 系统大都组合使用了 C/S（Client/Server，客户机/服务器）模式和P2P（Peer to Peer，点对点）模式。在登录 IM 进行身份认证阶段是工作在 C/S 方式，随后如果客户端之间可以直接通信则使用 P2P 方式工作，否则以 C/S 方式通过 IM 服务器通信。举例来说,如图 2-1-34 所示,用户 A 希望和用户 B 通信,必须先与 IM 服务器建立连接,从 IM 服务器获取到用户 B 的 IP 地址和端口号,然后 A 向 B 发送通信信息。B 收到 A 发送的信息后,可以按照 A 的 IP 和端口直接与其建立连接,与 A 进行通信。此后的通信过程中,A 与 B 之间的通信则不再依赖 IM 服务器,而采用一种 P2P 方式。由此可见,即使通信系统结合了 C/S 模式与 P2P 模式,也就是首先客户端与服务器之间采用 C/S 模式进行通信,包括注

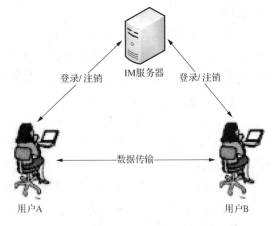

图 2-1-34 即时通信原理示意图

册、登录、获取通信成员列表等,随后,客户端之间可以采用 P2P 通信模式交互信息。

C/S 结构以数据库服务为核心将连接在网络中的多个计算机形成一个有机的整体,客户机和服务器分别完成不同的功能。但在 C/S 结构中,多个客户机并行操作,存在更新丢失和多用户控制问题。

P2P 模式是非中心结构的对等通信模式,每一个客户(Peer)都是平等的参与者,承担服务使用者和服务提供者两个角色。客户之间进行直接通信,可充分利用网络带宽,减少网络的拥塞状况,使资源的利用率大大提高。同时由于没有中央节点的集中控制,系统的伸缩性较强,也能避免单点故障,提高系统的容错性能。但由于 P2P 网络的分散性、自治性、动态性等特点,造成了某些情况下客户的访问结果是不可预见的。例如,一个请求可能得不到任何应答消息的反馈。

目前,中国市场上的企业级即时通信工具主要包括:信鸽、视高科技的视高可视协同办公平台、263EM、群英 CC2010、通软联合的 GoCom、腾讯公司的 RTX、IBM 的 Lotus Sametime、点击科技的 GKE、中国互联网办公室的 imo、中国移动的企业飞信、华夏易联的 e-Link、擎旗的 UcStar 等。相对于个人即时通信工具而言,企业级即时通信工具更加强调安全性、实用性、稳定性和扩展性。常见的即时通信工具如表 2-1-4 所示。

表 2-1-4 主流即时通信软件列表

软件 Logo	软件简介
ICQ	IM 领域的先驱软件,ICQ 是很多 70 后、80 后都用过的聊天工具,腾讯 QQ 的模仿对象。
AIM	AOL 推出的一款即时通信软件,类似于 MSN。2005 年,AIM 的市场占有率为 52%。

（续表）

软件 Logo	软件简介
QQ	也就是现在的腾讯 QQ，目前国内用户数量最多的 IM 软件。
YaHoo，Messenger	雅虎通的出现，开启了门户网站在即时通信领域屯兵布阵的序幕。
MSN　Messenger	微软推出的 IM 软件，能满足用户文字聊天、语音对话、视频会议等即时交流。
Sinapager	也叫新浪寻呼，可能还有人会记得它。
Skype	比较强大的语音聊天工具，还支持国内国际电话，目前已经被微软收购。
腾讯 TM	是腾讯推出的一款针对办公人群的 IM 产品。
百度 Hi	百度推出一款软件，百度社区产品的通行证。
淘宝旺旺	阿里巴巴出品，主要用于网上交易的工具。
飞信	中国移动推出的综合通信服务，可免费从 PC 给手机发短信。
YY	是多玩研发的一款团队语音通信平台，比较稳定，适合游戏玩家群聊。
米聊	小米科技出品的一款简单的 IM 应用，可以对讲。

（续表）

软件 Logo	软件简介
**Imessage**	苹果内置的通信服务，支持 iPhone、iPod touch、iPad 等 iOS 设备。
WhatsApp Messenger	手机上的通信的应用程序，借助推送通知服务，可以即刻接收亲友和同事发送的信息。

实践操作

对你身边的家人、同学、老师、朋友进行一次社会调查，了解不同职业、不同年龄段对各类 Internet 服务的应用情况，并做成统计表，分析形成这种现状的原因。

任务评估

自我小结			
软件使用情况	□☺	□☺	□☹
要点掌握情况	□☺	□☺	□☹
知识拓展情况	□☺	□☺	□☹
我的收获			
存在问题			
解决方法			

任务二 规划家庭网络

任务描述

在体会到 Internet 在学习、工作和生活中的重要作用后,李明同学准备为自己家布置一个家庭网络并接入 Internet,方便家人浏览新闻,购物,炒股,聊天,收看电视,学习网络课程,家人共享数据,打电话。家中要实现 WiFi 全覆盖,上网速度快,看电视、看电影流畅。李明同学对网络接入技术和家庭网络组建技术了解不多,为此,李明同学认真做了一翻调研和学习。

任务目标

◇ 理解主流的 Internet 接入方式、系统架构;
◇ 掌握常用网络设备的工作原理、实用场景、接入方法;
◇ 了解常见家庭网络应用及其带宽需求;
◇ 能够根据具体家庭的需求与基础网络部署情况,设计合理的家庭网络架构方案。

预备知识

一、Internet 接入方式

ISP,全称为 Internet Service Provider,即因特网服务提供商,是网络最终用户进入 Internet 的入口和桥梁。即通过网络传输介质把你的计算机或其他终端设备连入 Internet。由于接驳国际互联网需要租用国际信道,其成本对于一般用户是无法承担的。ISP 作为提供接驳服务的中介,需投入大量资金建立中转站,租用国际信道和大量的当地电话线,购置一系列计算机设备,通过集中使用,分散压力的方式,向本地用户提供接驳服务。较大的 ISP 拥有他们自己的租用线路以至于他们很少依赖电信供应商,并且能够为他们的客户提供更好的服务。

中国电信、中国移动、中国联通为中国三大基础运营商,可以提供拨号上网、光纤到楼＋以太网双绞线入户、光纤入户、移动通信网络接入等多种 Internet 接入方式。此外,还有广电宽带、北京歌华有线宽带、网宽天地等地区性的 ISP,提供的服务各有特色。比如,广电宽带、北京歌华有线宽带利用有线电视线路接入 Internet;网宽天地提供酒店光纤专线,现覆盖北京、天津、石家庄等地区。

接入网是指 ISP 的骨干网络到用户终端之间的所有设备,其长度一般为几百米到几千米,因而被形象地称为"最后一公里"。接入网是 ISP 网络中最大和最重要的组成部分,其线路程度约占整个 ISP 网络的 80％。由于骨干网一般采用光纤结构,传输速度快,因此,接入网便成为整个网络系统的瓶颈。接入网的传输媒质可以是电话线、有线电视线,也可以是光纤,还可以是无线介质。下面将介绍目前常用的三种家庭网络接入方式。

(一) ADSL 接入

1. ADSL 特点

ADSL(Asymmetric Digital Subscriber Line,非对称数字用户线路)是一种非对称的宽带接入方式,即用户线的上行速率和下行速率不同。在保证不影响正常电话使用的前提下,利用原有的电话双绞线进行高速数据传输。ADSL 的优点是可在现有的任意双绞线上传输,误码率低,缺点是有选线率问题,带宽速率低。ADSL 主要用于 Internet 接入、居家购物、远程医疗等。ADSL 向终端用户提供 1～8 Mb/s 的下行传输速率和 512 kb/s～1 Mb/s 的上行速率,有效传播距高在 3～5 km 左右。

传统的电话线系统使用的是铜线的低频部分,即 4 kHz 以下频段。而 ADSL 采用 DMT (Discrete Multitone,离散多音频)技术,将原来电话线路 26 kHz 到 138 kHz 频段的 25 个上行子通道用来传送上行信号,138 kHz 到 1.1 MHZ 频段的 249 个下行子通道用来传送下行信号。4kHz 以下频段仍用于传送传统电话业务。频率分布如图 2-2-1 所示。

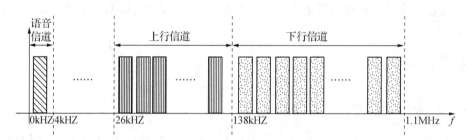

图 2-2-1　ADSL 频率分布示意图

2. ADSL 接入网组成

ADSL 接入网组成如图 2-2-2 所示。ADSL 的接入网由中央交换局模块、用户线和用户家中的设备组成。中央交换局模块主要由 DSLAM(Digital Subscriber Line Access Multiplexer,数字用户线接入复用器)和电话分离器组成,一个 DSLAM 可支持多达 500～1 000 个用户。用户家中设备由 ADSL 调制解调器和电话分离器组成。在用户端,电话分离器是一个滤波器,它将 0～4 kHz 模拟语音信号与 26 kHz 以上的信号分开。0～4 kHz 模拟语音信号被送至电话机或传真机,26 kHz 以上的信号被送至 ADSL 调制解调器。在局端,也需要安装一个对应的电话分离器,在这里,语音信号被滤出来送至公共电话交换网络,26 kHz 以上的信号被路由到 DSLAM。该设备包含一个数字信号处理器,与 ADSL 调制解调器一样。一旦从信号恢复出数字比特,就可以据此构造出数据包,并将数据包发送给 ISP。

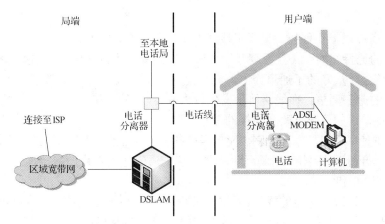

图 2－2－2 ADSL 接入网组成示意图

3. ADSL2

ADSL2 和 ADSL2＋都称为第二代 ADSL。ADSL2 的频谱与第一代 ADSL 相同。和第一代 ADSL 相比，ADSL2 的新特性、新功能主要体现在速率、距离、稳定性、功率控制、维护管理等方面的改进。

（1）速率与距离的提高

理论上 ADSL2 最高下行速率可达 12 Mbit/s 左右，传输距离接近 7 km。其主要采取了以下一些技术。

① 对长距离通信，增加了 Annex L 是 ADSL2 提高传输距离的重要手段。在长距离情况下，高频段衰弱很大，信道的承载能力很差。Annex L 技术对 ADSL 的发送功率分配进行优化，将属于高频段的一部分信道关闭，并将低频段的发送功率谱密度提高。

② 支持信道 1 bit 编码。在 ADSL 标准中，每个子信道最少需要分配 2 bit；在 ADSL2 标准中，允许质量较差的子信道在只分配 1bit 的情况下，依然可以承载数据。这在长距离速率较低的情况下对性能的提升还是很可观的。

③ 减少了帧开销。在 G992.1 中，ADSL 帧的开销固定；在 ADSL2 标准中，开销可配置，从而提高了净负荷的传输速率。

④ 优化了 ADSL 帧的 RS 编码结构，其灵活性、可编程性也大大提高。

（2）增强了功率管理

第一代 ADSL 传送器在没有数据传送时，也处于全能量工作模式。为了降低系统的功率，ADSL2 定义了三种功率模式。

① L0：正常工作下的满功率模式，用于高速率连接。

② L2：低功耗模式，用于低速率连接。

③ L3：休眠模式（空闲模式），用于间断离线。

其中 L2 模式能够通过 ATU-C 依照 ADSL 链路上的流量快速进入或退出低功耗模式来降低发送功率，L3 模式能够使链路在相当长的时间没有使用的情况下（如用户不在线或 ADSL 链路上没有流量）通过 ATU-C 和 ATU-R 进入睡眠模式来进一步降低功耗。

总之，ADSL2 可以根据系统当前的工作状态（高速连接、低速连接、离线等），灵活、快速地转换工作功率，其切换时间可在 3s 之内完成，以保证业务不受影响。

（3）增强的抗噪声能力

ADSL2通过以下几种技术提高了线路的抗干扰能力。

① 更快的比特交换。一旦发现某个传输子通道受到噪声影响,就快速地将其承载的比特转移到信号质量好的子通道。

② 无缝的速率调整。在线路质量发生较大改变时,使系统可以在工作时没有任何服务中断和比特错误的情况下改变连接的速率。

③ 动态的速率分配。总速率保持不变,但是各个通信路径的速率可以进行重新分配。例如,一路用于语音通讯的路径长时间沉默,分配与它的通信宽带可用于传送数据的路径。

（4）故障诊断和线路测试

增加了对线路诊断功能的规范,提供比较完整的宽带线路参数。可在线路质量很差而无法激活时,系统自动进入线路诊断模式,进行线路参数测量。

和 ADSL 相比,ADSL2 只是在长距离时才能发挥自己的优势,在短距的情况下,其性能和 ADSL 类似。

4. ADSL2＋简介

ADSL2＋是在 ADSL2 的基础上发展起来的,其核心内容是拓展线路的使用频宽。最高调制频点扩展至 2.208 MHz,如图 2-2-3 所示,子载波数达到 512 个;下行的接入速率理论上可达到 24 Mbit/s,上行速率与 ADSL2 相同（1.2 Mbit/s）;传输距离与 ADSL2 相同,即 7 km。

ADSL2＋只有在短距离传输时比 ADSL 具有优势,长距离时高频段衰减大,相当于 ADSL2。

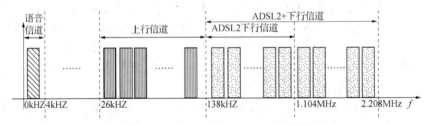

图 2-2-3　ADSL2＋与 ADSL2 的频谱比较

（二）HFC

1. HFC 特点

HFC(Hybrid Fiber Coaxial,光纤同轴电缆混合)网络是在目前覆盖面很广的有线电视网的基础上开发的一种居民宽带接入网,除了可以传送电视节目,还能提供电话、数据和其他宽带交互型业务。

早期的有线电视网是树状拓扑结构的同轴电缆网络,它采用模拟技术的频分复用对电视节目进行单向广播传输。为了提高传输的可靠性和电视信号的质量,广电运营商将其中同轴电缆主干线路替换为光纤,形成了现在的 HFC 网络。HFC 通常由光纤干线、同轴电缆支线和用户配线网络三部分组成,从有线电视台出来的节目信号先变成光信号在干线上传输;到用户区域后把光信号转换成电信号,经分配器分配后通过同轴电缆送到用户。

2. HFC 网络组成

我国有线电视网络用户已达1亿多户,广电网络在光纤网络资源和入户线路资源方面占有很大优势。但旧有的广电网络是单向 HFC 网络,不具备上行回传通道,为满足开展数字电视点播和高带宽宽带接入等业务的需求,对原有的网络进行双向化改造。HFC 网络示意如图 2-2-4 所示,下行传输时,在局端,前端设备将 CATV(Community Antenna Television,社区公共电视天线系统或广电有线电视网络)信号、Internet 数据、PSTN(Public Switched Telephone Network,公共交换电话网络)信号、IPTV(IP Television,交互式网络电视)信号混合并转换为光信号送入 HFC 网络;在用户端,光纤节点将光信号转变电信号,送进入户的同轴电缆。用户端的接入设备将入户同轴电缆中传输的混合电信号分路与解调,将 CATV 信号送入电视机,将 VOIP 信号送入 IP 电话,将 Internet 数据送入计算机,HFC 用户端接入方式如图 2-2-5 所示。上行传输时,用户端的接入设备将来自计算机、IP 电话机的数据混合、调制后送入光纤节点,光纤节点将电信号转变为光信号并与其他用户信号混合、调制后送入 HFC,前端设备将收到的信号分解后分别送入对应的核心网接口。

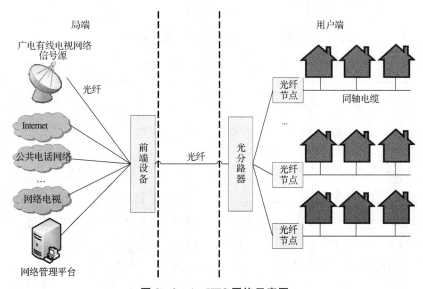

图 2-2-4 HFC 网络示意图

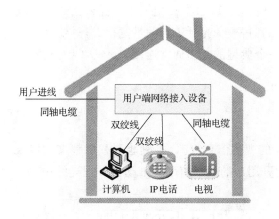

图 2-2-5 HFC 用户端接入方式示意图

3. 同轴电缆工作模式

根据原邮电部 1996 年意见,同轴电缆的频带资源分配规则如下:其中 5～42/65 MHz 频段为上行信号占用,5～550 MHz 频段用来传输传统的模拟电视节目和立体声广播,650～少数最高频率可达到 1 GHz,这样可用的传输带宽远大于 ADSL,HFC 频率分布示意如图 2-2-6 所示,世界各地区 HFC 频率分布方案如表 2-2-1 所示。依据 HFC 架构技术的不同,用户端的接入设备目前主要有 Cable Modem 和 EOC(Ethernet Over Cable,基于有线电视同轴电缆网使用以太网协议)终端两种。其工作原理将在本专题的任务二中详细说明。

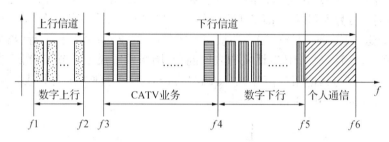

图 2-2-6　HFC 频率分布示意图

表 2-2-1　HFC 频率分布表

地　区	$f1$(MHz)	$f2$(MHz)	$f3$(MHz)	$f4$(MHz)	$f5$(MHz)	$f6$(MHz)
北美	5	42	88	550	860	1 000
欧洲	5	65	110	550	862	1 000
中国	5	65	65	550	750	1 000
日本	5	48	88	550	860	1 000

在有线电视系统的下游,许多住户共享同一根同轴电缆。当这根电缆被用于电视广播时,这种共享是自然的。因为所有的电视节目都在这根电缆上广播,无论是 10 个住户还是 1 000 个住户都没有什么区别。但是,当同样这根电缆被用作 Internet 接入时,10 个住户与 1 000 个住户的情形就有很大的不同,用户数量越大,带宽的竞争就越激烈,传输效率下降越明显。为了解决这个问题,广电网络选择将长的电缆截短,再将每一段直接接到光纤节点上。从局端到每一个光纤节点的带宽很大,只要每一段电缆用户数量合理,流量便可以管理。目前一个典型的电缆通常连接 500～2 000 户家庭。

(三)FTTx 技术

1. 什么是 FTTx

Internet 上有大量的视频信息资源,更快地下载视频文件以及更流畅地观看网上的高清视频节目,成了提升用户的上网速率的推动力。把光纤一路拉到家庭住宅和办公楼宇应当是最好的选择。

光纤接入有多种方式,称为 FTTx(Fiber To The x, x ＝ C for curb, Z for zone, B for building, F for floor, O for office, H for home, D for desk, 光纤到路边, 光纤到小区, 光纤到大楼, 光纤到楼层, 光纤到办公室, 光纤到户, 光纤到桌面)等。通常, 可以进一步使用 FTTx+LAN, 实现终端设备的连入网络。

2. PON 的结构与分类

PON(Passive Optical Network, 无源光纤网络)是实现 FTTx 的关键技术。其在光分支点不需要节点设备, 只需安装一个简单的光分支器即可, 因此具有节省光缆资源、带宽资源共享、节省机房投资、设备安全性高、建网速度快、综合建网成本低等优点。目前, PON 技术主要有 APON(ATM-PON, Asynchronous Transfer Mode-Passive Optical Network, 基于异步传送模式的无源光纤网络)、EPON(Ethernet-PON, 基于以太网的无源光纤网络)、GPON(Gigabit-Capable PON, 吉比特容量的无源光纤网络)三种。

APON 分别选择 ATM 和 PON 作为网络协议和网络平台。其上、下行方向的信息传输都采用 ATM 传输方案, 下行速度为 622Mb/s 或 155Mb/s, 上行速度为 155Mb/s。光节点到前端的距离可长达 10~20km, 或更长。采用无源双星型拓扑, 使用时分复用和时分多址技术, 可以实现信元中继、局域网互联、电路仿真、普通电话业务等。

EPON 是以太网技术发展的新趋势, 其下行速度为 1 000 Mb/s 或 100 Mb/s, 上行为 100 Mb/s。在 EPON 中, 传送的是可变长度的数据包, 最长可以是 65535 字节, 而在 APON 中, 传送的是 53 字节的固定长度信元。它简化了网络结构, 提高了网络速度。

GPON 是最新一代无源光综合接入标准, 具有高带宽、高效率、大覆盖范围、用户接口丰富等众多优点, 被大多数运营商视为实现接入网业务带宽化、综合化改造的理想技术。GPON 支持数据业务、PSTN 业务、专用线业务和视频业务, 并对各种业务类型都能提供相应的服务质量保证。

PON 系统的典型拓扑结构为树型或星型, 由局端的 OLT(Optical Line Terminal, 光线路终端)、ODN(optical Distribution Network, 光配线网络)和用户侧的 ONU(Optical Network Unit, 光网络单元)/ONT(Optical Network Terminal, 光网络终端)组成, 如图 2-2-7 所示。OLT 是主要的管理中心, 实现网络管理的主要功能。ONU 放在用户侧, 接入用户终端, 在用户端把光信号转换为电信号。ONU 和 ONT 的区别是, ONU 下挂网络, ONT 直接下挂用户计算机等终端设备。ODN 是基于 PON 设备的光纤网络, 其作用是为 OLT 和 ONU 之间提供光传输通道。从功能上分, ODN 从局端到用户端可分为馈线光纤子系统、配线光纤子系统、入户线光纤子系统和光纤终端子系统四个部分。OLT 把收到的下行数据发往 ODN 中的无源 1:N 光分路器, 光分路器用广播方式向所有用户端的 ONU 发送。典型的光分路器使用分路比为 1:32, 有时也可以是使用多级的光分路器。每个 ONU 根据特有的标识只接收发送给自己的数据, 然后转换为电信号发往用户。每一个 ONU 到用户家中的距离可根据具体情况来设置, OLT 则给各 ONU 分配适当的光功率。ONU 到用户的距离可根据具体情况来设置, OLT 给各 ONU 分配适当的光功率。如果 ONU 在用户家中, 那就是 FTTH; 如果 ONU 在大楼入口, 那就是 FTTB; 如果 ONU 在楼层, 那就是 FTTF。

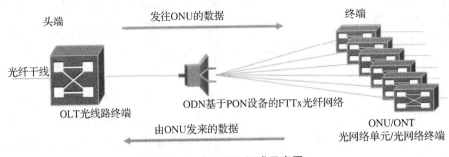

图 2 - 2 - 7　PON 组成示意图

3. 典型的 FTTx 架构方案

图 2 - 2 - 8 为 FTTH 的组成结构,光纤从光分路器拉出,直接接入用户家中的 ONU。ONU 设备功能有所区别,家庭 1 选用的 ONU 可以直接提供电话、数据网络、CATV 等多种接口,家庭 2 选用的 ONU 可以直接提供电话、数据网络、IPTV 等多种接口,并使用机顶盒实现 IPTV 信号的接收与转换。家庭 3 在 ONU 提供的接口接收 CATV,并下接家庭网关实现电话、数据业务接入。家庭 3 在 ONU 下接家庭网关实现电话、数据业务、IPTV 接入。

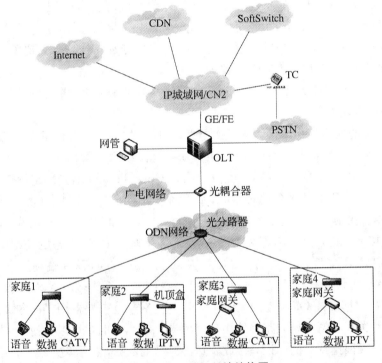

图 2 - 2 - 8　FTTH 系统结构图

图 2 - 2 - 9 为 FTTB 和 FTTC 的组成结构,光纤从光分路器拉出,直接接入相应位置的 ONU。方案一中 ONU 直接提供用户接入,适用于 FTTO。方案二中 ONU 下挂 Mini-DSLAM,适用于 FTTB 和 FTTC。方案三中 ONU 下挂 PBX/专线路由器,适用于

FTTO。方案四中 ONU 下挂 IAD、二层交换机,适用于 FTTO、FTTB 和 FTTC。方案五中 ONU 下挂小型 AG,适用于 FTTO、FTTB 和 FTTC。FTTB 可取消小区机房,小区放置分光器,通过 PON 直接汇聚楼道交换机,覆盖 20～100 用户。FTTC 有效地降低光纤接入的成本,运营维护比较便捷,业务功能全面,是当前针对新建的普通居民社区的理想技术方案,覆盖 100～500 用户。

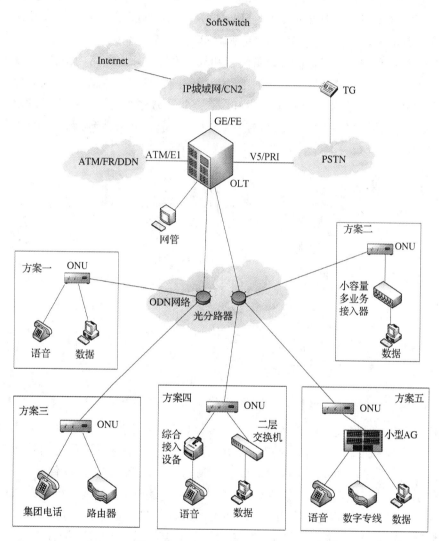

图 2-2-9 FTTB/C 系统结构图

二、家庭网络的常见设备

(一)家庭网关

1. 家庭网关的业务架构

家庭网关是设置在用户家庭中的终端,是连接运营商网络与用户家庭网络的设备,实现运营商网络与家庭网络的资源整合与业务融合。从运营商角度来看,家庭网关是运营商网络在用户家庭、小企业中的延伸,是实现网络设备能力边缘化与业务控制边缘化的有效途径,能够有效黏合用户,推广、管理、控制业务。从用户角度来看,家庭网关是家庭、小企业中的一个设备,是内部网络的核心,是内部网络与运营商网络连接的桥梁,是有质量保证的电信业务通道。

综合终端管理系统是家庭网关业务的部署和控制平台,也是家庭网关设备的远程管理平台。通过它既可以对家庭网关上的语音业务、QoS(Quality of Service,服务质量)适配等功能进行部署,并与家庭网关交互实现对家庭网关承载业务的控制;又可以实现对家庭网关的远程状态查询、故障管理、设备配置和软件升级。家庭网络内部各种终端通过家庭网关的用户侧接口与家庭网关进行通信,家庭网关对经过其的数据和应用进行转发、控制和管理,并通过网络侧接口与业务平台和综合终端管理系统进行交互,实现家庭网络和外部网络的通信,提供各种可管理、可控制的应用。家庭网关业务架构如图 2－2－10 所示。

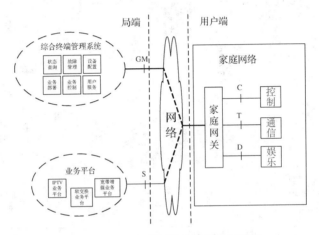

图 2－2－10　家庭网关业务架构示意图

家庭网关网络侧有 S 和 GM 两类接口。S 接口是家庭网关与业务平台之间的接口,传递业务数据流和控制流。GM 接口是家庭网关与综合终端管理系统之间的接口,通过该接口综合终端管理系统可以对家庭网关设备进行配置、状态查询、软件升级和故障管理,从而实现对家庭网关承载业务的部署和控制。用户侧有 D、T、C 三类接口。D 接口是家庭网关和机顶盒等终端之间的接口,传递设备管理信息和数据流,该接口具有交互性高、带宽需求高、较高的 QoS、通信频繁等特性。T 接口是家庭网关和语音终端之间的接口,传递注册和注销等控制信息和媒体流,该接口具有通信带宽固定、实时性要求高等特性。C 接口是家庭网关和控制网关之间的接口,传递注册、注销、配置、上报等信息,该接口具有低带宽高、可靠性,访问频率低等特性。

2. 家庭网关的分类

根据家庭网络接入 Internet 的方式和提供的用户端业务不同,家庭网关也有所差别。本专题下面将介绍的 ADSL Modem、Cable Modem 都属于家庭网关中的一种。图 2－2－11

为 RJ45 双绞线入户的家庭网关的实物图,该设备俗称为宽带猫。该设备背面提供网络 WAN 口(入户网络线接口)、网络 LAN 口(接家中的网络设备或 PC 等终端设备)、电视接口、电话接口;正面为对应的接口指示灯,正常工作为绿色,非正常工作为红色。

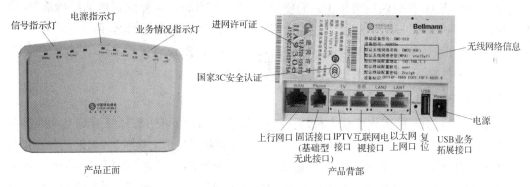

图 2-2-11　RJ45 双绞线入户的家庭网关实物图

图 2-2-12 为光纤入户的家庭网关实物,该设备俗称为光猫。光猫即本专题任务一中介绍的 FTTx 接入技术中 ONU 设备的一种。该设备背面提供网络光纤 WAN 口、网络 LAN 口、电视接口、电话接口,并具有 WiFi 模块,提供无线局域网功能;正面为对应的接口指示灯,正常工作为绿色,非正常工作为红色。

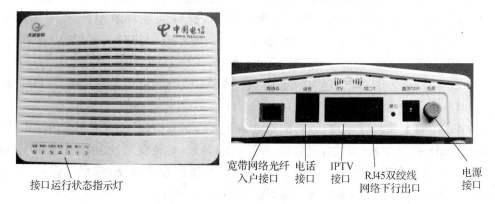

图 2-2-12　光纤入户的家庭网关实物图

(二) ADSL Modem

1. xDSL

目前,流行的宽带接入技术 DSL(Digital Subscriber Line,数字用户线路)是以铜质电话线为传输介质的传输技术组合,包括 HDSL(High-speed Digital Subscriber Line,高速率数字用户线路)、SDSL(Symmetric Digital Subscriber Line,对称数字用户线路)、VDSL(Very High Speed Digital Subscriber Line,超高速数字用户线路)、ADSL(Asymmetric Digital Subscriber Line,非对称数字用户线路)和 RADSL(Rate Auatic adapt Digital Subscriber Line,速率自适应数字用户线路)等,一般统称为 xDSL。它们主要的区别就是体现在信号传输速度和距离的不同以及上行速率和下行速率对称性的不同这两个方面。

其中,ADSL 是最为常用的技术之一。在 ADSL Modem 连接的电话线信道上,有三个标准信道,一个为标准电话服务的通道、一个速率为 640 kb/s～1.0 Mb/s 的中速上行通道、一个速率为 1 Mb/s～8 Mb/s 的高速下行通道,并且这三个通道可以同时工作。所以,在使用 ADSL 上网时,电话还可以正常的使用。传统的 Modem 也是使用电话线传输的,但它只使用了 0～4 kHz 的低频段,并且有模数/数模信号的转换等问题,而 ADSL 正是使用了 26 kHz 以后的高频带并且使用完全的数字信号,因此没有传统电话的数模/模数等转化所带来的噪音,因此信噪比更高,传输速度也更快。

2. ADSL Modem 工作原理

ADSL Modem 的工作流程大致是:经 ADSL Modem 编码后的信号通过电话线传到电话局后再通过一个分离器,如果是语音信号就传到程控电话交换机上,如果是数字信号就接入 DSLAM。为了在电话线上分隔有效带宽,产生多路信道,ADSL Modem 一般采用两种方法实现,分别是 FDM(Frequency Division Multiplexing,频分多路复用)和回波消除技术。FDM 在现有带宽中分配一段频带作为数据下行通道,同时分配另一段频带作为数据上行通道。下行通道通过 TDM(Time Division Multiplexing,时分复用)技术再分为多个高速信道和低速信道。同样,上行通道也由多路低速信道组成。而回波消除技术则使上行频带与下行频带叠加,通过本地回波抵消来区分两频带。

另外,ADSL 能产生这么高的带宽,要归功于它先进的调制解调技术。目前被广泛应用的 ADSL 调制解调技术有两种,分别是 CAP(无载波幅相调制技术,Carrierless Amplitude/phase Modulation)和 DMT(Discrete Multimode,离散多音复用技术)。其中,DMT 调制解调技术由于技术先进已经被 ANSI 组织(American National Standards Institute,美国国家标准学会)定为标准,并被美国 ADSL 国家标准推荐使用,是目前最具前景的调制解调技术。

在 DMT 调制解调技术中,一对铜制电话线上的 0Hz～4kHz 频段用来传输电话音频,用 26kHz～1.1 MHz 频段传送数据,并把它以 4kHz 的宽度划分为 25 个上行子通道和 249 个下行子通道。输入的数据经过位分配和缓存变为位块,再经 TCM(Ter1lis Coded Modulation,网格编码调制)编码及 QAM(Quadrature Amplitude Modulation,正交振幅调制)调制后送上子通道,理论上每 1 Hz 可以传输 15 位数据,所以,ADSL 的理论上行速度为 $25 * 4 * 15 = 1.5(Mb/s)$,而理论下行速度为 $249 * 4 * 15 = 149(Mb/s)$。此外,DMT 还具有良好的抗干扰能力,可以根据实际中线路及外界环境干扰的情况动态地调整子通道的传输速率,既在有干扰存在的子通道上的传输速率可能降为 8 b/Hz,而未受干扰或干扰较小的地方仍可保持较高的速率,同时 DMT 还可以把受干扰较大的子通道内的数据流转移到其他通道上,这样既保证了传输数据的高速性又保证了其完整性。

3. ADSL Modem 的安装

在用户端安装一个分离器,其作用是用来分离数字信号与模拟信号,将用户上网需要的数字信号传输给 ADSL Modem,而将电话的模拟信号传给电话机。图 2-2-13 为 ADSL Modem 的实物图,图 2-2-14 为分离器的实物图。同样,在电信局端也装有一个后端分离器,其作用与客户端分离器一样,也是用来分离数字信号与模拟信号。正是由于滤波器的作用,才使得 ADSL 能够做到上网与打电话两不误。现在很多 ADSL Modem 都已内置了分离器,用户不用再次购买。

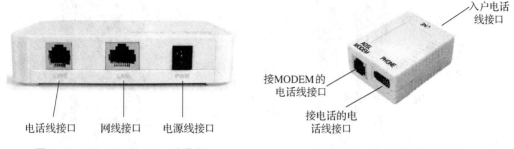

图 2 - 2 - 13 ADSLModem 实物图   图 2 - 2 - 14 分离器实物图

(三) Cable Modem

1. Cable Modem 的接入方法

Cable Modem 与以往的 Modem 在原理上都是将数据进行调制后在电缆的一个频率范围内传输,接收时进行解调,传输机理与普通 Modem 相同,不同之处在于它是通过有线电视 CATV 的某个传输频带进行调制解调的,普通 Modem 的传输介质在用户与交换机之间是独立的,即用户独享通信介质,Cable Modem 属于共享介质系统,其他空闲频段仍然可用于有线电视信号的传输。Cable Modem 彻底解决了由于声音图像的传输而引起的阻塞,其速率已达 10 Mb/s 以上,下行速率则更高。有线电视线即同轴电缆进入住户家中后,首先经过分配器分出多路传输相同信号的同轴电缆线,其中一路接入 Cable Modem 的同轴电缆进线接口,安装示意如图 2 - 2 - 15 所示。图 2 - 2 - 16 为某型号 Cable Modem 实物展示,分配器分出同轴电缆线接入 Cable Modem 的同轴电缆进线接口,同时将以太网双绞线一端接入以太网接口,另一端接入计算机的网卡接口或家庭路由器的以太网口,接通电源后,用户完成身份验证后,就可以利用 Cable Modem 连接 Internet 了。

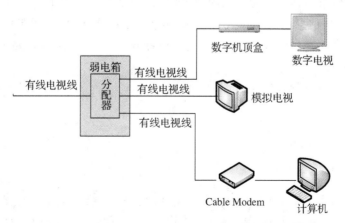

图 2 - 2 - 15 有线电视线入户分配器安装示意图

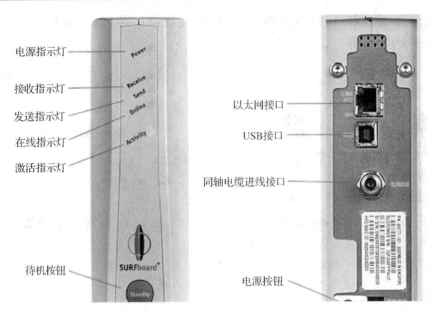

电源指示灯 —— Power

接收指示灯 —— Receive

发送指示灯 —— Send

在线指示灯 —— Online

激活指示灯 —— Activity

待机按钮 —— SURFboard® Standby

以太网接口

USB接口

同轴电缆进线接口

电源按钮

图 2-2-16　Cable Modem 实物图

2. Cable Modem 的工作原理

Cable Modem 的工作步骤大致分为四步：

步骤 1：Cable Modem 启动后，扫描所有下行频率，寻找可识别的标准控制信息包。这些信息包中含有来自线缆终端服务器为新连入的 Cable Modem 发送的下行广播信息，其中有一条命令指定上行发送频率。

步骤 2：Cable Modem 取得它的上行频率后开始测距，通过测距判定它和前端的距离，这是实现同步的定时信息以及控制发射功率所需要的。所有 MAC 协议拥有一个系统级时钟，以便 Cable Modem 知道何时发送信息，Cable Modem 测距的操作是发送一个短信息给前端，然后测量发送与接收信息的间隔。

步骤 3：测距后，Cable Modem 准备接受一个 IP 地址和其他网络参数，Cable Modem 根据 DHCP 协议分得地址资源。当用户申请地址资源时，Cable Modem 在反向通道上发出一个特殊的广播信息包（DHCP 请求），前端路由器收到 DHCP 请求后，将其转发给一个它知道的 DHCP 地址服务器，服务器向路由器发回一个 IP 地址。路由器把地址记录下来并通知用户。

步骤 4：经过测距，确定上下行频率及分配 IP 地址后，Cable Modem 就可以访问网络了。

（四）EOC 终端设备

1. 什么是 EOC

EOC(Ethernet Over Coax，通过同轴电缆传输宽带数据)技术，其技术架构如图 2-2-17所示。EOC 分为 EOC 局端设备和 EOC 终端设备。EOC 局端设备将网络信号调制后与电视信号混合在 CATV 同轴电缆上传输，然后在 EOC 终端设备中解调分离出数据信号。在不增加布线、不改变原同轴电缆及设备、不需要有线电视双向改造的情况下,实现了有线电视双向改造的功能。在不影响有线电视信号传输和收看的同时,通过同轴电缆实现高速上网,是一种先进的宽带接入和双向化改造方案。图 2-2-18 为 EOC 终端设备实物图,入户同轴电缆接入 CABLE 口,有线电视接入 TV 口,计算机、家庭用路由器、家庭用交换机接入 LAN1 或 LAN2 口。EOC 安装简单,快速部署,无须重新布线,经济实用。TV 接口可兼容所有主流有线电视设备如分路器、电视机、光发机等。LAN 接口可兼容所有以太网设备如交换机、路由器、IP 机顶盒、PC 等。EOC 双向带宽最高达 100M,抗噪声干扰能力远高于 Cable Modem,可在恶劣的网络环境下工作。

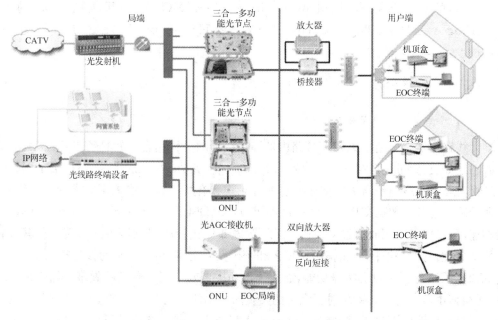

图 2-2-17 EOC 技术架构图

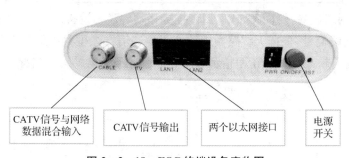

图 2-2-18 EOC 终端设备实物图

2. EOC 技术分类

EOC 技术可分为有源 EOC 和无源 EOC。无源 EOC 也称为基带 EOC,技术原理就是将以太网信号在无源 EOC 设备中通过频分复用技术,与有线电视信号混合通过同一根同轴电缆入户,在户内再通过无源设备将以太网信号跟电视信号分离,从而完成双向网络接入。简单来说就是终端设备是无源器件。

有源调制 EOC 顾名思义就是终端采用有源器件,将数据信号调制成同轴电缆信号与电视信号一起传输,下行方向传输电视信号和数字调制信号,上行方向传输数据调制信号,实现双向传输。

有源调制 EOC 又可分为高频和低频。我们所说的高频 EOC 和低频 EOC 是以广电的频率为衡量标准。广电的传输频率是在 87 MHz~860 MHz,所以大于 860 MHz 的频率为高频,低于 87 MHz 的频率为低频。高频技术的频率高、衰减大,所以传输距离很小。抗干扰能力不好,所以只能用于楼道覆盖。低频技术的频率低、衰减小,适合远距离传输。抗干扰能力好,适合不同网络。总体来说,低频 EOC 性能较好,信号衰减小。使用低频 EOC 方案的有三类技术:同轴 Wi-Fi、降频 Wi-Fi、MOCA;使用高频 EOC 的有:HomePlug AV、HomePlug BPL、HomePNA,其中 HomePlug AV 为国家广播电视总局推荐技术。

(五) 无线路由器

1. 无线路由器的功能概述

无线路由器是单纯型 AP、宽带路由器和集线器的一种结合。它具备单纯性无线 AP 所有功能如支持 DHCP 客户端、支持 VPN、防火墙、支持 WEP 加密等,还包括了网络地址转换功能。无线路由器可以把通过它进行无线和有线连接的终端都分配到一个子网,方便子网内设备的数据交换。无线路由器可以与 ADSL Modem、Cable Modem、ONU 直接相连,也可以在使用时通过交换机/集线器、宽带路由器等局域网方式再接入。其内置有简单的虚拟拨号软件,可以存储用户名和密码拨号上网,可以实现为拨号接入 Internet 的 ADSL、CM 等提供自动拨号功能,而无须手动拨号或占用一台电脑做服务器使用。此外,无线路由器一般还具备相对更完善的安全防护功能。图 2-2-19 为无线路由器的实物,无线路由器侧面的网络 WAN 口用于通过五类双绞线连接 ADSL Modem、Cable Modem 等家庭网关 LAN 口,侧面的 LAN 口用于通过五类双绞线连接终端设备或下挂电力猫等其他网络设备,侧面 USB 口用于挂接移动硬盘等设备。无线路由的三根天线用于收发 WiFi 无线信号,根据无线路由器覆盖面积和信号强度等功能的差异,天线数量有所不同,可以是一根或多根。正面指示灯用于显示业务功能的运行情况。

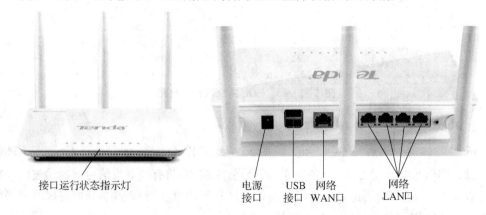

接口运行状态指示灯　　　　电源接口　USB接口　网络WAN口　　网络LAN口

图 2-2-19　无线路由器实物图

2. 无线路由器的性能

无线路由器的有线传输速率取决于其接口速率,一般为 10/100 Mbps 自适应。无线传输速率与覆盖范围取决于其使用的无线局域网协议。无线局域网 802.11 系列协议,俗称 WiFi,包含 802.11 a、802.11 b、802.11 g、802.11 n、802.11 ac 五种不同的标准,其工作频带和工作原理有所不同,传输速率和覆盖范围也有所差异。802.11 协议工作频带与速率如表 2-2-2 所示。

表 2-2-2 802.11 协议工作频带与速率一览表

协 议	发布日期	频 带	最大传输速度
802.11	1997	2.4~2.5 GHz	2 Mbps
802.11a	1999	5.15~5.35/5.47~5.725/ 5.725~5.875 GHz	54 Mbps
802.11b	1999	2.4~2.5 GHz	11 Mbps
802.11g	2003	2.4~2.5 GHz	54 Mbps
802.11n	2009	2.4GHz 或者 5GHz	600 Mbps (40 MHz * 4 MIMO)
802.11ac	2011.11	2.4GHz 或者 5GHz	867 Mbps,1.73 Gbps, 3.47 Gbps, 6.93 Gbps (8 MIMO, 160 MHz)
802.11ad	2012.12(草案)	60GHz	up to 7000 Mbps

目前,多数无线路由器同时支持多种 802.11 协议,最高速率可达 1 000 Mbps 以上。例如,图 2-2-19 所示的无线路由器同时支持 IEEE 802.11 b/g/n,最高传输速率300 Mbps。

常见路由器的覆盖范围是以其为中心的一定的空间范围。理想覆盖范围为"室内 100 m,室外 400 m",覆盖范围随网络环境的不同而各异。通常室内在 50 米范围内都可有较好的无线信号,而室外一般来说都只能达到 100~200 m 左右。无线路由器信号强弱同样受环境的影响较大。无线路由器的覆盖范围主要由以下几个方面因素影响:

(1)距离。无线路由器都是有一定的覆盖范围的,设备离路由器的距离越远信号质量相对来说就会越差,因此上网时处于无线路由器最佳覆盖范围内通常都会有比较好的信号质量。如果离无线热点距离过远,还购买一个无线中继来放大搜索到的已知的无线热点的信号。

(2)室内格局、墙体。线路由器覆盖范围是在没有障碍的理想状态下测试出来的。但是实际使用中,WiFi 信号在穿越承重墙体、玻璃或者水的时候会造成信号的大幅度衰减,而且频率越高衰减越明显,也就是说 5 GHz 的信号穿墙能力比 2.4 GHz 更弱,如果室内有多个房间并且实墙较多较厚,无线信号降低一半甚至超过三分之二也是正常的现象。这种情况要么考虑通过拉网线的方式连接一个无线 AP 或者无线路由器,也可以使用带有 AP 功能电力猫。

（3）路由器的摆放位置。无线路由器都是采用内置或者外置全向天线的产品，因此以天线为中心，四周信号最强，上下效果最弱，也就是说楼上或者楼下的无线覆盖比较弱。同一个房间内，将其摆放在房屋中央，信号覆盖的面积最大。

（4）天线的增益。目前路由器上使用的是全向天线，多配备了两根以上的 5dbi 天线，因此信号覆盖范围和效果得到增加，但"天线数目多信号未必一定好"。

（5）路由器发射功率。根据国家规定，无线路由器的发射功率不得高于 100 mW。现在市面上有些路由器默认的发射功率仅为 80%，因此可以尝试适当增加发射功率的方式来提高无线信号的覆盖质量，但是信号辐射也会随之增加。

（6）周围信号。现在无线路由器大部分的工作频率都是 2.4 GHz 的，加上现在无线路由器的普及，因此在我们的周围经常会搜到两个以上的无线热点。另外，工作在此频段的产品众多，例如无线键盘鼠标和微波炉，非常容易受到干扰，造成信号质量低下、网络传输速率缓慢的情况。

（7）终端接收灵敏度。受设备的体积、芯片的功率和天线的增益影响，不同的无线路由器接收无线信号的能力也不同。

（六）电力调制解调器

1. 电力线通信技术简介

电力线通信技术是指利用电力线传输数据和媒体信号的一种通信方式。电力线通信技术发挥了电力线频谱范围宽、机械强度高、可靠性好、不需要新的线路铺设、随意接入的优势。其工作原理是：信息的发送方利用适配器将信息加载到高频信号中，并将高频信号加载于电流，利用电线进行传输，接收信息的适配器再从电流中分离出高频信号，解调后传送至计算机或电话，以实现信息传递。

可以进行数据传输的电力线包括：高压电力线（在电力载波领域通常指 35kV 及以上电压等级）、中压电力线（指 10kV 电压等级）和低压配电线（380/220V 用户线）。传统的电力线通信主要利用高压输电线路作为高频信号的传输通道，仅仅局限于传输话音、远动控制信号等，应用范围窄，传输速率较低，不能满足宽带化发展的要求。现在的电力线通信正在向大容量、高速率方向发展，采用低压配电网进行载波通信，实现家庭用户利用电力线的综合信息服务业务。家庭以及小型办公场所用户在不需要重新布线的基础上，利用室内的电力线即可实现上网、打电话、收看 IPTV、使用视频监控设备等多种应用。也就是说，只要在房间任何有电源插座的地方，即可享受高达 200 Mbps 或 500 Mbps 的高速网络接入，浏览网页、拨打电话和观看在线电影，从而实现集数据、语音、视频以及电力传输于一体。

2. 电力调制解调器工作原理

电力调制解调器，也称为电力线以太网信号传输适配器，简称"电力猫"，是进行加载于电力线传输的信号收发、处理以及设备连接的设备。电力调制解调器利用 1.6M 到 68M 频带范围传输信号。在发送时，利用 GMSK（Gaussian Filtered Minimum Shift

Keying,高斯最小频移键控)或 OFDM(Orthogonal Frequency Division Multiplexing,正交频分复用技术)调制技术将用户数据进行调制,然后在电力线上进行传输,在接收端,先经过滤波器将调制信号滤出,再经过解调,就可得到原通信信号。在国际范围内,低压配电网的高速数据通信普遍选择了 OFDM 作为核心调制技术,以解决电力线高噪声、强衰减等问题。OFDM 技术采用多路窄带正交子载波,同时传输多路数据,每路信号的码元时间较长,可以避免码元间干扰。通过动态选择可用的子载波,该技术可以减少窄带干扰和频率谷点的影响。

3. 电力调制解调器使用方法

图 2-2-20　电力猫实物图

电力调制解调器需配对使用,可将与外部网络相连的称为主电力调制解调器,与数字终端设备相连接的称为从电力调制解调器。主电力调制解调器负责与用户端的电力调制解调器的通信以及与外部网络的连接。从电力调制解调器负责与主电力调制解调器通信,以及与计算机、电视等终端设备连接。电力猫实物如图 2-2-20,将网线一端连接至电力猫的网线插口,另一端连接家庭网关或计算机等终端设备,电力猫的电源插口可以插入家庭中任意一个插座。家庭网关与主电力猫相连方法如图 2-2-21 所示,宽带网络入户线接入家庭网关的外网接口;用于连接主电力猫的网线,一端连接家庭网关的局域网接口,另一端连接主电力猫的网口。在通信时,来自终端设备的数据经过电力猫调制后,通过用户的配电线路传输到主电力猫,主电力猫将信号解调出来,再传入网关设备,转发到 Internet。利用电力线家庭网络部署方案如图 2-2-22 所示,在同一个电表范围内,一般只需要一个与家庭网关相连接的主电力猫,从电力猫可以插在任意插座上即可与主电力猫进行通信。机顶盒接收与之相连的从电力猫传输的电视信号,并转发给电视机。如果从电力猫有多个网络接口,则可以连接多台终端设备。如果从电力猫集成了无线局域网功能,则可以作为无线局域网接入点,具有无线局域网通信功能的终端设备可以通过无线方式连入家庭网络。

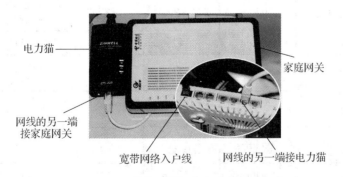

图 2-2-21　家庭网关与主电力猫相连方式

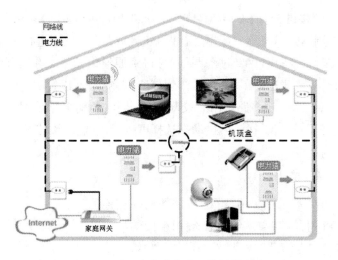

图 2-2-22　利用电力线家庭网络部署方案示意图

三、家庭网络的常见应用及其带宽需求

总体来说,公众客户的主要业务需求可归纳为基本业务和增值业务两类。基本业务包括:语音、高速上网、高清网络电视(HDTV)/标清网络电视(IPTV)、可视电话业务等。增值业务包括:智能家居远程监控、可视家庭会议、三屏互动、蓝光电影、3D 视频、远程教育、网络游戏、网络硬盘(虚拟硬盘)、在线杀毒服务等业务。各类业务的带宽需求如表 2-2-3 所示。

表 2-2-3　各类业务的带宽需求表

业　务	每路业务对带宽的需求		某项业务的带宽小计		
	上行速率	下行速率	需要数量	上行速率	下行速率
高速上网	100 kbps~ 5 Mbps	2 Mbps~ 20 Mbps	1 个	100 kbps~ 5 Mbps	2 Mbps~ 20 Mbps
标清网络电视	100 kbps	2 Mbps~ 3 Mbps	1~3 路	100 kbps~ 300 kbps	2 Mbps~ 9 Mbps
高清网络电视	100 kbps	10 Mbps	1~2 路	100 kbps~ 200 kbps	10 Mbps~ 20 Mbps
语音业务	100 kbps	100 kbps	2 路	200 kbps	200 kbps
可视电话	500 kbps	500 kbps	1~2 个	500 kbps~ 1 Mbps	500 kbps~ 1 Mbps
蓝光电影	100 kbps	30 Mbps~ 50 Mbps	1 个	100 kbps	30 Mbps~ 50 Mbps
3D 视频	500 kbps	12 Mbps~ 30 Mbps	1 个	500 kbps	12 Mbps~ 30 Mbps
家庭视频会议	2 Mbps	2 Mbps	1 路	2 Mbps	2 Mbps
其他	100 kbps~ 2 Mbps	100 kbps~ 10 Mbps	1~3 个	100 kbps~ 6 Mbps	100 kbps~ 30 Mbps

由于中国各地经济发展情况差别很大,不同的家庭用户对各种业务的需求及其数量也存在很大差别。目前,家庭用户的上行带宽需求主要落在 500 kbit/s～10 Mbit/s 范围内,下行带宽在 2 Mbit/s～100 Mbit/s 范围内,能够满足各种宽带业务的扩展。通过调研发现,从公众客户选择 FTTH 时的带宽需求来看,选择 20 Mbit/s 带宽的占 46.3%,其次是选择 10 Mbit/s 的占 22.3%,选择 100 Mbit/s 的占 18.7%,选择 50 Mbit/s 的占 8.3%。

 **实践操作**

为李明同学家设计一个家庭网络规划方案。

1. 需求概述

假设,李明同学家需要部署家庭网络,房屋的户型图如图 2-2-23 所示。李明同学家有三口人,家中共有三部智能手机、一台台式电脑、一台笔记本电脑、一部平板电脑,两台数字电视。台式电脑没有无线网络接入功能,放置在书房;两台数字电视分别放置于客厅和主卧。家用多媒体弱电箱内嵌在进户门右侧墙中。对网络的需求包括:高速上网、语音电话、高清网络电视播放、可视电话、智能家居家庭视频监控等。

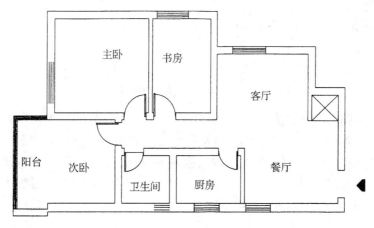

图 2-2-23　进行网络规划的房屋户型图

2. 家庭网络架构方案

根据表 2-2-3 提供的各类业务带宽需求,可以算出,李明同学家选择 20 Mbps～50 Mbps 的接入带宽比较合适,接入方式可以是光纤入户,也可以是以太网双绞线入户。综合考虑李明同学家的网络业务需求与 ISP 的收费标准,李明同学家选择了 50 Mbps 带宽的光纤入户方式接入 Internet。ISP 提供语音电话、宽带网络接入、IPTV 服务,并免费提供了家庭网关。李明同学家制定的家庭网络架构方案如图 2-2-24 所示。

利用分线器可以将家庭网关语音信号接口引出的语音信号分配到多个电话机,实现家中多个电话机使用同一个固定电话号码接听和拨打电话。使用五类双绞线将客厅的机顶盒与家庭网关的网络电视信号接口相连接,客厅电视机即可接受 IPTV 电视节日。由于客厅电视没有高清接口,因此,使用 AV 线连接电视机和机顶盒。使用五类双绞线将无

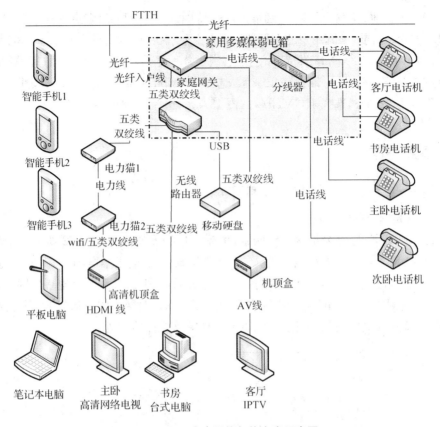

图 2－2－24　家庭网络架构方案示意图

线路由器与家庭网关的网络信号接口相连接,实现家中有线家庭局域网和无线家庭局域网覆盖。在无线路由器的 USB 接口上挂载一个 2T 容量的移动硬盘,部署家庭网络数据中心,方便家庭成员共享与备份照片、音频、视频等数据。书房中的台式电脑通过五类双绞线接入无线路由器中的 LAN 接口。智能手机、平板电脑、笔记本电脑则可以使用 WiFi 接入家庭局域网,从而与 Internet 相连接。

无线路由器放置在客厅中,与主卧相隔多道墙壁,因穿越墙壁造成的信号衰减,主卧中的 WiFi 信号强度比较弱,移动设备在主卧中难以成功进入家中的无线局域网,主卧中的高清电视也无法稳定地接收到电视节目。主卧中没有 RJ45 以太网接口,无法增加路由器、交换机等设备,为了避免线路改造,考虑使用电力猫部署主卧中的网络。电力猫需成对使用,主电力猫部署于无线路由器附近的插座上,使用五类双绞线与无线路由器 LAN 口相连接,从电力猫安装在主卧的任意一个插座上。为了方便家人在主卧中使用移动设备上网,选用了具有 WiFi 模块的电力猫,主卧中的高清机顶盒和其他网络设备均可以通过 WiFi 连入家庭网络,实现家庭网络室内全覆盖。高清机顶盒与电视使用 HDMI (High Definition Multimedia Interface,高清晰度多媒体接口)线连接。

3. 家用多媒体弱电箱简介

家用多媒体弱电箱是专门使用于家庭弱电系统的布线箱,能对家庭的宽带、电话线、音频线、同轴电缆、安防网络等线路进行合理有效的布置,实现人们对家中的电话、传真、电脑、音响、电视机、影碟机、安防监控设备及其他网络信息家电的集中管理。一方面,家用多媒体弱电箱能对家庭弱电信号线统一布线管理,有利于家庭整体美观;另一方面,强弱电的电线分开,强电电线产生的涡流感应不会影响到弱电信号,弱电部分更稳定。

现在常规的家庭信息箱所提供电话、网络、有线电视、AV 信号分配等功能。① 电话功能:将 1 根或者 2 根电话进线分配到家庭中的几个点,属于同线电话,不带电话保密功能。② 网络功能:将 1 根网络进线单独的分配到家庭中的几个点,但无法联网,只能满足一个点的网络应用,当一个点被使用时,其他的电脑点是无法工作的。③ 有线电视功能:将 1 根有线电视进线分配到家庭中的几个点,实现有线电视共享功能,无信号放大作用,无双向隔离共能。④ AV 信号分配功能:将 1 组 AV 信号分配到家庭中的几个点,实现 AV 信号的共享功能,无选择性,无信号放大作用。用户可以选择如图 2 - 2 - 25 所示的带有电话、网络、有线电视、AV 信号分配模块的家用多媒体弱电箱。也可以选择如图 2 - 2 - 26所示的没有上述信号分配模块的家用多媒体弱电箱,自行放置无线路由器等设备完成信号分配。

未放置设备的家用多媒体弱电箱内部

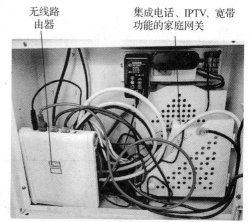

无线路由器

集成电话、IPTV、宽带功能的家庭网关

用户自置设备的家用多媒体弱电箱内部

图 2 - 2 - 25　具有信号分配集成模块的家用多媒体弱电箱实物图

家用多媒体弱电箱外观

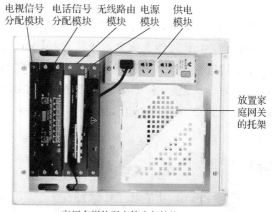

电视信号分配模块　电话信号分配模块　无线路由模块　电源模块　供电模块

放置家庭网关的托架

家用多媒体弱点箱内部结构

图 2 - 2 - 26　无信号分配模块的家用多媒体弱电箱实物图

任务评估

自我小结			
软件使用情况	□☺	□😐	□☹
要点掌握情况	□☺	□😐	□☹
知识拓展情况	□☺	□😐	□☹
我的收获			
存在问题			
解决方法			

任务三　接入 Internet

任务描述

　　李明同学设计好了自己家的家庭网络部署方案并购买了无线路由器、电力猫、高清机顶盒等设备。ISP 为他家部署了入户光纤，分配了宽带账号和密码。按照部署方案，这些设备该如何进行连接？在计算机上该如何设置和使用拨号软件，进行身份验证？李明同学认真学习设备说明书，谦虚地向 ISP 的安装师傅和学校的老师请教，将自家的网络设备正确地连接起来，并拨号成功，接入了 Internet。

任务目标

　　◇ 理解 PPPoE 功能和工作原理；
　　◇ 熟练掌握在 Windows 操作系统中设置与使用 PPPoE 拨号软件；

◇ 熟练掌握家庭网关、无线路由器、电力猫、机顶盒等网络设备的连接与简单测试。

 预备知识

一、PPPoE 功能

用户接入 Internet，在传送数据时需要数据链路层协议。PPP（Point to Point Protocol，点对点协议）就是在点对点链路上承载网络层数据包的一种链路层协议。该协议要求进行通讯的双方之间是点对点的关系，不适于广播型的以太网和另外一些多点访问型网络，PPPoE 协议综合了 PPP 和多点广播协议的优点，为宽带接入服务商提供了一种全新的接入方案，是宽带接入网中广泛使用的一种协议。通过 PPPoE 协议，远端接入设备能够对每个接入用户进行控制和计费管理。

二、PPPoE 协议工作原理

PPPoE(Point to Point Protocol over Ethernet，基于以太网的点对点协议)多用于 LAN 用户拨号和 xDSL 用户拨号等接入方式。PPPoE 方式是基于账号、密码的认证方式。由 RADIUS 和 BRAS 完成用户 IP 地址的分配和速率的分配。用户获取 IP 地址上网后，RADIUS 进行计时。PPPoE 拨号过程通常是用户先发起 PPPoE 请求，BRAS 响应并终结 PPPoE，然后与 RADIUS 服务器配合完成 PPPoE 的账号密码的验证处理。通过验证后，RADIUS 服务器将用户速率信息下发给 BRAS，由 BRAS 分配 IP 地址，并进行速率控制。用户获取合法的 IP 地址，可以访问 Internet，则 RADIUS 开始计时收费，如图 2-3-1 所示。

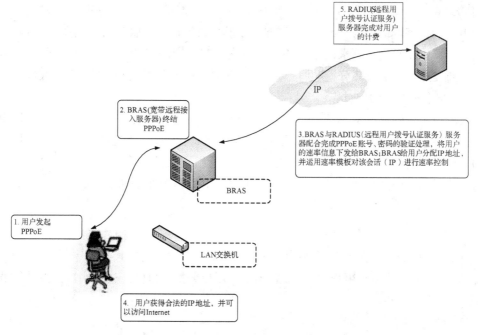

图 2-3-1 PPPoE 系统业务流程图

PPPoE 协议的工作流程包含发现和会话两个阶段。发现阶段是无状态的,目的是获得 PPPoE 终结端(在局端的 ADSL 设备上)的以太网 MAC 地址,并建立一个唯一的 PPPoE SESSION-ID。发现阶段结束后,就进入标准的 PPP 会话阶段。

1. 发现阶段

在发现(Discovery)阶段中用户主机以广播方式寻找所连接的所有接入集中器(或交换机),并获得其以太网 MAC 地址。然后选择需要连接的主机,并确定所要建立的 PPP 会话标识号码。发现阶段有四个步骤,当此阶段完成,通信的两端都知道 PPPoE SESSION-ID 和对端的以太网地址,他们一起唯一定义 PPPoE 会话。这四个步骤如下。

(1) 主机广播 PADI 分组

主机广播发起分组的目的地址为以太网的广播地址 0xffffffffffff,CODE(代码)字段值为 0x09,SESSION-ID(会话 ID)字段值为 0x0000。PADI(PPPoE Active Discovery Initiation,PPPoE 主动发现初始)分组必须至少包含一个服务名称类型的标签(标签类型字段值为 0x0101),向接入集中器提出所要求提供的服务。

(2) 接入集中器响应请求

接入集中器收到在服务范围内的 PADI 分组,发送 PPPoE 有效发现提供包(PADO)分组,以响应请求。其中 CODE 字段值为 0x07,SESSION-ID 字段值仍为 0x0000。PADO 分组必须包含一个接入集中器名称类型的标签(标签类型字段值为 0x0102),以及一个或多个服务名称类型标签,表明可向主机提供的服务种类。

(3) 主机选择一个合适的 PADO 分组

主机在可能收到的多个 PADO(PPPoE Active Discovery Offer,PPPoE 主动发现提议)分组中选择一个合适的 PADO 分组,然后向所选择的接入集中器发送 PPPoE PADR(PPPoE Active Discovery Request,有效发现请求分组)。其中 CODE 字段为 0x19,SESSION_ID 字段值仍为 0x0000。PADR 分组必须包含一个服务名称类型标签,确定向接入集线器(或交换机)请求的服务种类。当主机在指定的时间内没有接收到 PADO,它应该重新发送它的 PADI 分组,并且加倍等待时间,这个过程会被重复期望的次数。

(4) 准备开始 PPP 会话

接入集中器收到 PADR 分组后准备开始 PPP 会话,它发送一个 PPPoE 有效发现会话确认 PADS 分组。其中 CODE 字段值为 0x65,SESSION-ID 字段值为接入集中器所产生的一个唯一的 PPPoE 会话标识号码。PADS 分组也必须包含一个接入集中器名称类型的标签以确认向主机提供的服务。当主机收到 PADS 分组确认后,双方就进入 PPP 会话阶段。

2. 会话阶段

发现阶段完成后,就进入了会话阶段。会话阶段首先要建立连接,其次要对用户进行认证,然后给通过认证的用户授权,最后还要给用户分配 IP 地址,这样用户主机就能够访问 Internet。

(1) 建立连接

在发现阶段,用户和接入集中器都已经知道了对方的 MAC 地址,同时也建立了一个唯一的 SESSION-ID,这两个 MAC 地址和 SESSION-ID 是绑定在一起的,双方再进行链路控制协商(LCP),就建立了数据链路层的连接。

（2）认证

建立连接后,用户会将自己的身份发送给认证服务器,服务器将对用户的身份进行认证。如果认证成功,认证服务器将对用户授权。如果认证失败,则会给用户反馈验证失败的信息,并返回链路建立阶段。

认证服务器主要有两种,一种是本地认证服务器 BAS,另一种是远程集中认证服务器 Radius。在远程集中认证方式中,BAS 相当于一个代理。

最常用的认证协议分为 RAP(Password Authentication Protcol,口令认证协议)和 CHAP(Challenge Handshake Authentication Protocol,挑战握手协议)两种。PAP 是一种简单的明文验证方式,用户只需提供用户名和口令,并且用户信息是以明文的方式返回,因而这种验证方式是不安全的。CHAP 是一种三次握手认证协议,能够避免建立连接时传送用户的真实密码。认证服务器向远程用户发送一个挑战口令(challenge),其中包括会话 ID 和一个任意生成的挑战字串。远程客户必须使用 MD5 单向哈希算法返回用户名和加密的挑战口令,会话 ID 以及用户口令,其中用户名以非哈希方式发送。CHAP 是一种密文认证方式,因而比 PAP 更可靠。

（3）授权

用户经过认证后,服务器给用户授权,按照用户申请的类型给用户分相应的宽带分配 IP 地址。此阶段,PPPoE 将调用在建立链路是选定的网络控制协议,比如 IPCP(IP 控制协议),然后给接入的用户分配一个动态 IP 地址,这样用户就可以访问 Internet 网络了。在此阶段服务器会对用户进行计费管理。PPPoE 流程如图 2-3-2 所示。

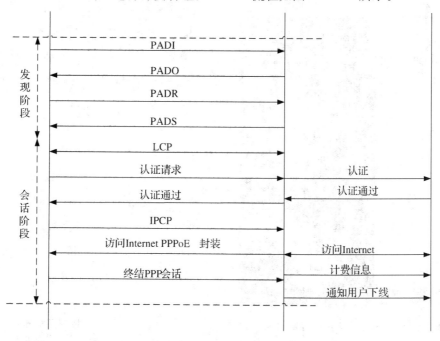

图 2-3-2 PPPoE 协议流程图

用户主机通讯完毕时，就会发送终结 PPP 会话数据包。会话结束时一般 PPP 对端应该使用 PPP 自身来终止 PPPoE 会话，但是当 PPP 不能使用时，可以使用 PADT（PPPoE Active Discovery Terminate，主动发现停止包）。它可以在会话建立后的任何时候发送。它可以由主机或者接入集中器发送。当对方接收到一个 PADT 分组，就不再允许使用这个会话来发送 PPP 业务。PADT 分组不需要任何标签，SESSION-ID 字段值为需要终止的 PPP 会话的会话标识号码。在发送或接收 PADT 后，即使正常的 PPP 终止分组也不必发送。

用户主机与接入集中器根据在发现阶段所协商的 PPP 会话连接参数进行 PPP 会话。PPPoE 会话开始后，PPP 数据就可以以任何其他的 PPP 封装形式发送。这个过程中的所有的帧都是单播的。PPPoE 会话过程中 SESSION-ID 是不能更改的，必须是发现阶段分配的值。

实践操作

PPPoE 拨号软件的设置与使用

将网线的一段与家庭网络 LAN 口相连，另一端与 PC 机的 RJ45 网卡相连。观察家庭网关 WAN 口与 LAN 口的信号灯是否正常，PC 机的 RJ45 网卡信号灯是否正常。如果正常，便可进行 PC 中 PPPoE 拨号软件的设置，即创建"宽带连接"。具体步骤如下：

步骤 1：在操作系统的桌面界面中点击"开始"，打开"控制面板"，如图 2-3-3 所示。在"控制面板"中找到"网络和共享中心"，点击进入。控制面板界面如图 2-3-4 所示。

图 2-3-3　开始菜单中的控制面板

图 2-3-4　控制面板界面

步骤 2：在如图 2-3-5 所示的界面中，在网络和共享中心的更改网络设置列表中，找到"设置新的连接或网络"选项。点击该选项弹出如图 2-3-6 所示的窗口。

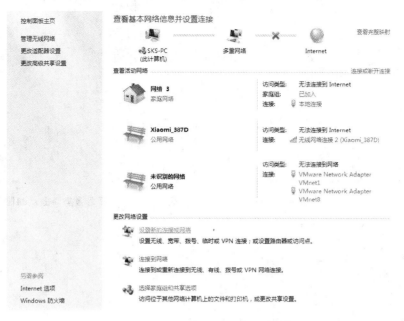

图 2-3-5 网络和共享中心主界面

步骤 3:选中图 2-3-6 中的第一个选项"连接到 Internet",点击"下一步"按钮,弹出如图 2-3-7 所示的窗口。

图 2-3-6 设置连接或网络界面

图 2-3-7 创建新连接界面

步骤 4:该窗口询问是否使用一个已有的连接,点击"否",创建一个新连接。继续点击"下一步"按钮,弹出如图 2-3-8 所示界面。

步骤 5:点击宽带(PPPoE)选项,进入如图 2-3-9 所示界面。

步骤 6:在图 2-3-9 所示的界面中,填写用户名和密码,也可以设置连接名称,完成设置后点击"连接按钮",完成拨号上网的创建。

步骤 7:拨号联网测试:点击 window 窗口任务栏的网络和共享中心,如图 2-3-10 所示,找到刚创建的名称为"宽带连接"的网络连接方式,点击并连接。

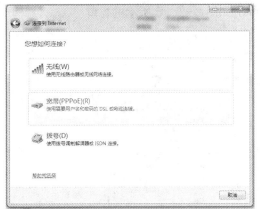

图 2-3-8　设置连接 Internet 方式

图 2-3-9　填写服务商提供的信息界面

图 2-3-10　拨号上网界面

图 2-3-11　连接宽带中

步骤 8：完成连接后可以看到名称为"宽带连接"的网络连接状态显示已连接，如图 2-3-12所示。

图 2-3-12　网络状态显示界面

步骤 9：为进一步测试联网是否成功，打开 IE 浏览器，输入 www. sina. com. cn 网址，看能否正常打开网页。

步骤 10：连接成功后，就可以查看用户 PC 获得的 IP，单击"开始"→"运行"，在运行对话框中输入"cmd"后，如图 2 - 3 - 13 所示，按回车键，在命令行窗口中输入命令：ipconfig/all，查看获得的 IP 地址是多少，如图 2 - 3 - 14 所示。

图 2 - 3 - 13　输入"cmd"命令

图 2 - 3 - 14　输入"ipconfig/all"命令

任务评估

自我小结			
软件使用情况	□☺	□😐	□☹
要点掌握情况	□☺	□😐	□☹
知识拓展情况	□☺	□😐	□☹
我的收获			
存在问题			
解决方法			

任务四　配置家庭无线网络

任务描述

　　虽然连接好了家庭网络，也学会了 PPPoE 拨号软件的使用，但李明同学发现，一旦他将进行 PPPoE 拨号的计算机关闭，家中的网络就与 Internet 断开了，其他计算机也无法连接 Internet。李明同学请教了学校老师，老师告诉他，是他家的无线路由器没有设置正确。李明同学认真地学习了无线路由器的说明书，重新设置了无线路由器。

　　李明的爸爸和妈妈不会设置计算机、智能手机以及平板电脑的无线连接方式。为此，李明同学为父母做了一个小讲座，讲解和示范了无线网卡的设置与无线局域网的连接方法。至此，李明一家人都能享受到家庭网络带来的方便。李明同学在这个过程中更是学习到了许多网络组建和应用的知识。现在，李明同学是个小有名气的"专家"，亲戚和邻居部署、改造家庭网络都会找他咨询，家中网络出点小故障也会找他帮忙解决。通过学习与实践，既增长了知识又帮助了他人，李明同学很有满足感。

任务目标

◇　了解无线局域网的工作原理；

◇　熟练掌握无线路由器的设置；

◇　熟练掌握 Windows、Android 操作系统中无线网卡的设置；

◇　熟练掌握 Windows、Android 操作系统中无线局域网的连接方法。

预备知识

一、无线局域网的构成

　　无线局域网可分为两大类，第一类是有固定基础设施的，第二类是无固定基础设施的。所谓"固定基础设施"是指预先建立起来的，能够覆盖一定地理范围的一批固定基站。

　　1977 年 IEEE 制定出无线局域网的协议 802.11(W－IEEE802.11)系列标准。简单地说，802.11 是无线以太网的标准，它使用星形拓扑，其中心叫作 AP(Access Point，接入点)，在 MAC 层使用 CSMA/CA 协议。凡使用 802.11 系列协议的局域网又称为 Wi-Fi (Wireless-Fidelity)。

　　802.11 标准规定无线局域网的最小构件是 BSS(Basic Service Set，基本服务集)。一个基本服务集包括一个基站和若干个移动站，所有的站在本 BSS 以内都可以直接通信，但在和本 BSS 以外的站通信时都必须通过本 BSS 的基站。上面提到的接入点就是 BSS 的基站。当网络管理员安装 AP 时，必须为该 AP 分配一个不超过 32 字节的 SSID (Service Set Identifier，服务集标识符)和一个信道。SSID 就是使用该 AP 的无线局域网的名字。一个 BSS 所覆盖的地理范围叫作一个 BSA(Basic Service Area，基本服务区)，范围直径一般不超过 100 m。一个 BSS 可以是孤立的，也可以通过接入点 AP 连接到一个 DS(Distribution System，分配系统)，然后在连接到另一个基本服务集，这样就构成了一个 ESS(Extended Service Set，扩展的服务集)。IEEE 802.11 无线局域网架构方法如图 2-4-1 所示。ESS 还可通过门户(Portal)为无线用户提供到非 802.11 无线局域网的接入。

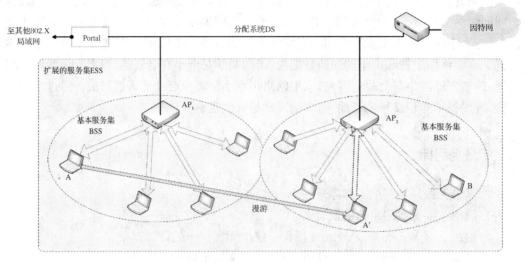

图 2 - 4 - 1 EEE 802.11 无线局域网架构方法

二、移动站 A 关联 AP 的方法

图 2 - 4 - 1 中移动站 A 从某一个基本服务集漫游到另一个基本服务集(到 A′ 的位置),仍可保持与另一个移动站 B 进行通信,但 A 在不同的基本服务集所使用的接入点 AP 改变了。

一个移动站若要加入一个基本服务集 BSS,就必须先选择一个接入点 AP,并与此接入点建立关联(association)。建立关联就表示这个移动站加入了选定的 AP 所属的子网,并和这个 AP 之间创建了一个虚拟线路。只有关联的 AP 才向这个移动站发送数据帧,而这个移动站也只有通过关联的 AP 才能向其他站点发送数据帧。

移动站与 AP 建立关联的方法有两种,一种是被动扫描,即移动站等待接收接入站周期性发出的信标帧(beacon frame)。信标帧中包含有若干系统参数(如服务集标识符 SSID 以及支持的速率等)。另一种是主动扫描,即移动站主动发出探测请求帧(probe request frame),然后等待从 AP 发回的探测响应帧(probe response frame)。

现在许多地方,如办公室、机场、快餐店、旅馆、购物中心等都能够向公众提供有偿或无偿接入 Wi-Fi 的服务。这样的地点就叫作热点(hot spot)。由许多热点和 AP 连接起来的区域叫作热区(hot zone)。热点也就是公众无线入网点。现在也出现了无线因特网服务提供者(WISP, Wireless Internet Service Provider)这一名词。用户可以通过无线信道接入到 WISP,然后再经过无线信道接入到因特网。

现在无论是笔记本电脑还是台式计算机,主板上都有内置的无线局域网适配器,也就是无线网卡。无线局域网适配器能够实现 802.11 的物理层和 MAC 层的功能,只要在无线局域网覆盖的地方,用户就能通过接入点 AP 连接到因特网。

三、移动站的身份验证

若无线局域网不提供免费接入,那么用户就必须在和附近的接入点 AP 建立连接时,键入已经在网络运营商注册登记的用户密码。如键入正确,才能和该网络的 AP 建立关联。在无线局域网发展初期,这种接入加密方案称为 WEP(Wired Equivalent Privacy,有线等效保密),WEP 的目标就是通过对无线电波里的数据加密提供安全性,如同端—端发送一样。WEP 特性里使用了 RSA 数据安全性公司开发的 RC4 PING 算法。然而 WEP 加密方案相对比较容易被破译,所有现在的无线局域网普遍采用了保密性更好的方案 WPA(WiFi Protected Access,WiFi 安全接入)或其第二个版本 WPA2。WPA 的资料是以一把 128 位元的钥匙和一个 48 位元的初向量的 RC4 stream cipher 来加密。WPA 超越 WEP 的主要改进就是在使用中可以动态改变密钥的"临时密钥完整性协定",加上更长的初向量,这可以击败知名的针对 WEP 的金钥匙去攻击。现在的 WPA2 是 802.11n 中强制执行的加密方案。

实践操作

一、设置无线路由器

李明同学在任务一中设计好了家庭网络拓扑,在任务二中连接了家庭网络设备。现在李明同学要完成无线路由器的设置,以实现家中多个设备可以同时连接到 Internet。李明同学为家里选购的是小米 mini 路由器。操作步骤如下:

步骤1:先连接好网线部分,检查连接无误后,最后接上无线路由器的电源适配器,完成 PC 机的开机。

步骤2:打开 IE 浏览器,在浏览器内输入"miwifi.com"(这就是小米路由默认登录地址,完全不同于普通的 192.168.1.1)并回车,进入如图 2-4-2 所示界面。

图 2-4-2　无线路由器登录界面

步骤3:输入浏览器管理密码,进入如图 2-4-3 所示的界面。此时界面显示了路由

器的一些基本信息。

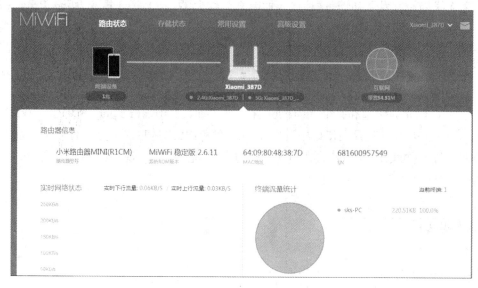

图 2 - 4 - 3　无线路由器信息界面

步骤 4：单击界面中所示的"常用设置"，进入如图 2 - 4 - 4 所示的界面。选中"开启"选项开启 2.4 G Wi-Fi 并设置该 Wi-Fi 的名称和密码。

图 2 - 4 - 4　小米 2.4 G Wi-Fi 密码设置界面 　　图 2 - 4 - 5　小米 5 G Wi-Fi 密码设置界面

步骤 5：将鼠标滚轮往下滚动，可以看到如图 2 - 4 - 5 所示的界面。类似的选中"开启"选项开启 5 G Wi-Fi 并设置该 Wi-Fi 的名称和密码。小米路由器区分 2.4 G 和 5 G，2.4 G 的 Wi-Fi 穿透性好，传输距离近，而 5G 的 Wi-Fi 穿透性差，传输距离远。

步骤 6：点击界面中的上网设置，进入如图 2 - 4 - 6 所示界面。该页面可以设置 WAN 速率，并可以在工作模式之间切换。

图 2-4-6　无线路由器配置界面

步骤7：点击界面中的局域网设置，进入图 2-4-7 所示界面。DHCP 的开始 IP、结束 IP 与路由器处于同一网段。

图 2-4-7　DHCP 服务设置界面

步骤8：点击界面上方的高级设置，可以看到如图 2-4-8 所示的界面。在该界面中可以看到外网的上传带宽和下载带宽。

图 2-4-8　高级设置界面

二、计算机终端连入家庭无线网络

(一)Windows 计算机终端接入家庭无线网络

李明同学的笔记本电脑配备有无线网卡,其安装的操作系统是 Windows 7。李明对笔记本电脑的无线网络进行设置,具体步骤如下:

步骤1:找到工具栏右侧的"网络和共享中心"图标,左击打开网络列表窗口,如图 2-4-9 所示,该区域中可以连接的 Wi-Fi SSID 及其信号强度均可以看到。

图 2-4-9 "打开网络和共享中心"界面

图 2-4-10 电脑连接 Wi-Fi

步骤2:如图 2-4-10,在列表窗口中左键单击准备连接的 Wi-Fi SSID,并单击"连接"按钮,李明选择的是自己家的无线路由器(Xiaomi_387D)。如果希望计算机出现在该 Wi-Fi 覆盖范围内,可以不需要输入密码即可自动连接到该 Wi-Fi,那么可以左键点击"自动连接"前的选择框。

步骤3:如图 2-4-11,输入 Wi-Fi SSID 的连接密码,如果密码输入正确,将出现图 2-4-12所示的某 Wi-Fi 已连接的提示。

步骤4:如果连接 Wi-Fi 成功,可以进一步检测电脑联网是否成功。打开 IE 浏览器,在地址栏输入某页面的网址,如 www.sina.com.cn,按回车,看页面能否正常显示。如果可以,说明与 Internet 连接成功。

图 2-4-11 输入密码对话框

步骤4:如果希望与已建立连接的 Wi-Fi 断开连接,点击已连接的 Wi-Fi(图中为 Xiaomi_387D),将出现如图 2-4-13 所示的"断开"按钮,点击"断开"按钮即可。

图 2-4-12 Wifi 连接成功　　　　图 2-4-13 与 Wifi 断开连接

（二）智能手机与平板电脑接入家庭无线网络

现在拿出手机，进入如图 2-4-14 所示的界面，进行手机接入家庭无线网络的设置。步骤如下：

步骤 1：点击手机的设置按钮，进入如图 2-4-15 所示的界面，点击"WLAN"按钮。

图 2-4-14 手机初始界面图　　　　图 2-4-15 手机设置界面

步骤 2：如图 2-4-16 所示，开启 WLAN 并搜索附近的无线网络，可以看到附近可以连接的 Wi-Fi SSID。

步骤 3：点击要连接的 Wi-Fi SSID，输入密码后完成连接，操作过程如图 2-4-17 所示。

图 2-4-16　开启 WLAN 界面　　　图 2-4-17　手机输入 Wi-Fi 密码界面

步骤 4：如果密码输入正确，则可以与 Wi-Fi SSID 建立连接成功的提示，如图 2-4-18 所示。为了进一步测试是否与 Internet 连接成功，可以打开浏览器输入某页面的网址，检测手机联网是否成功，如果连接成功，将出现所连接的页面，如图 2-4-19 所示。

图 2-4-18　手机连接界面　　　　图 2-4-19　手机联网检测

（三）访问"家庭数据中心"

李明同学在无线路由器上挂载一块移动硬盘，作为家中的数据共享中心，方便家人共享照片、音乐、电影等。如果访问这个"家庭数据中心"呢？李明同学选购的是小米无线路由器，小米提供了访问小米路由存储的客户端软件，下面只需要在使用 Windows 操作系统的计算机和智能手机上进一步安装该软件即可。

1. 安装与配置 PC 的小米路由存储客户端软件

在使用 Windows 操作系统的计算机安装和配置小米路由存储客户端软件的具体步骤如下：

步骤 1：打开 IE 浏览器，在浏览器内输入"miwifi.com"（这就是小米路由默认登录地址，完全不同于普通的 192.168.1.1）并回车，进入如图 2-4-20 所示界面。

图 2-4-20　无线路由器登录界面

步骤 2：输入浏览器管理密码，进入如图 2-4-21 所示的界面。此时界面显示了路由器的一些基本信息。

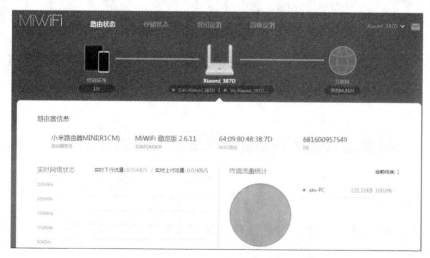

图 2-4-21　无线路由器路由信息界面

步骤3:点击存储状态,进入如图2-4-22所示的界面。此时界面显示了路由器已检测连接在USB中的移动硬盘。点击"立即下载客户端",下载并安装小米路由存储客户端软件。

图2-4-22 无线路由器存储状态信息界面

步骤4:在页面导航菜单可以看到下载选项,点击进入如图2-4-23所示的界面。在该界面可以看到小米路由器客户端支持多平台使用,点击PC客户端选项中的"下载"按钮。现在就开始下载了一个名为xqpc_client.exe的可执行文件。

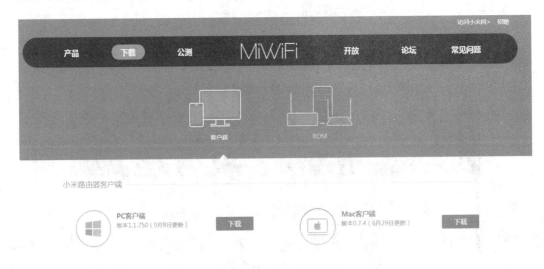

图2-4-23 下载主界面

步骤5:下载完成后,找到下载的文件并双击该文件,执行客户端的安装工作。如图2-4-24所示。

图2-4-24　小米路由存储客户端软件的安装　　　　图2-4-25　小米路由存储客户端界面

步骤6：安装完成可以看到如图2-4-25所示的界面。点击该界面上方的文件夹形状按钮可以查看当前路由存储中存储的资源列表，如图2-4-26所示。与在资源管理器中复制、删除、修改、查看文件和文件夹的方式一样，用户可以进行相关的文件管理操作。

图2-4-26　小米路由存储存储器文件目录

2. 安装与配置智能移动设备中的小米路由存储客户端软件

在智能手机与平板电脑中安装小米路由存储客户端软件的步骤与在 PC 机中的方法相似，具体步骤如下：

步骤1：与 PC 机用户类似，通过手机浏览器下载官网中对应手机版本的安装包。如图2-4-27所示。

步骤2：安装下载的安装包，安装完成打开进入如图2-4-28所示的界面。

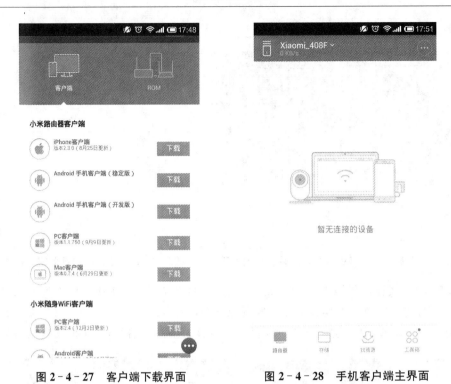

图 2 - 4 - 27　客户端下载界面　　　　图 2 - 4 - 28　手机客户端主界面

步骤 3：在客户端主界面顶部可以切换连接的存储器，下方点击存储选项，可以查看当前存储器的文件目录，如图 2 - 4 - 29 所示。点击其中一个文件夹可以下载里面的内容，可以将自己手机上的文件上传到存储器。客户端中的工具箱功能还可以实现对网络的管理，对路由器的设置等功能，如图 2 - 4 - 30 所示。

图 2 - 4 - 29　路由存储文件目录　　　　图 2 - 4 - 30　客户端工具箱界面

任务评估

自我小结			
软件使用情况	□☺	□☺	□☹
要点掌握情况	□☺	□☺	□☹
知识拓展情况	□☺	□☺	□☹
我的收获			
存在问题			
解决方法			

专题小结

本专题主要内容包括：① 什么是 Internet，Internet 是如何产生的以及发展阶段，Internet 在我国的发展历程。② Internet 的常用服务，主要包括域名服务、文件传输服务、电子邮件服务等。③ 基于 Web 的网络服务，主要包括搜索引擎、电子商务、电子政务和远程教育。④ 新型网络应用，主要包括博客和微博、网络视频和即时通信等。⑤ 家庭网络的规划、设备的选择以及实施。⑥ PPPoE 协议功能、工作原理以及 PPPoE 拨号软件的设置与使用。⑦ 家庭无线网络的部署、配置以及实施。

专题三　搭建校园网络

李明同学所在的江苏职业学校计算机工程系有 36 位专业教师，分布在 6 个教研室。现在该系准备部署自己的网络并与学校网络中心相连接。该系准备建设 1 个网络中心、6 个专业机房、4 个公共机房。网络中心配有 1 台服务器，用于部署 Web 和 FTP 应用。每个机房有 50 台计算机，每个教研室和一个机房连接。将 50 台计算机和 6 台教师机连接起来组建一个局域网，相互之间能够进行通信。为了能够更好地学习网络知识，李明同学主动要求参与其中的工作。

任务一　规划校园网络

任务描述

每一个连入 Internet 网的主机必须有一个合法的 IP 地址，什么是 IP 地址呢？ IP 地址的格式是什么？如何将分配到的 IP 地址进行分段？分段后如何区分子网？李明同学很迷惑，老师告诉他，要掌握这些内容首先要掌握 IP 地址的相关知识。

任务目标

◇ 熟悉 IP 地址格式、分类；
◇ 熟悉子网划分和子网掩码；
◇ 了解动态 IP 地址分配。

预备知识

一、IP 地址

IP 地址是一个四字节 32 位长的地址码。一个典型的 IP 地址为 200.1.25.7。IP 地址可以用点分十进制数表示，也可以用二进制数来表示，例如 200.1.25.7 用二进制表示为 11001 000 00000001 00011001 00000111。

IP 地址被封装在数据包的 IP 报头中，供路由器在网间寻址时使用。因此，网络中的每个主机，既有自己的 MAC 地址，也有自己的 IP 地址，如图 3-1-1 所示。MAC 地址用于网段内寻址，IP 地址则用于网段间寻址。

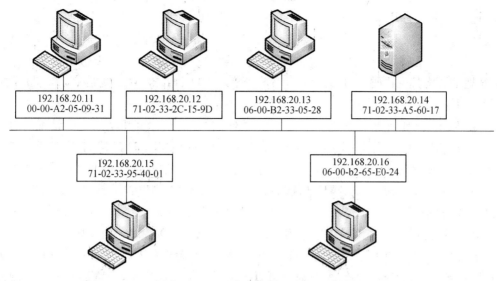

图 3-1-1　每台主机需要有一对地址

IP 地址分为 A、B、C、D、E 共 5 类地址，其中前三类是我们经常涉及的 IP 地址。分辨一个 IP 是哪类地址可以从其第一个字节来区别。一个 IP 地址分为两部分：网络地址码部分和主机码部分。A 类 IP 地址用第一个字节表示网络地址编码，低三个字节表示主机编码，第 1 个字节的第一位为 0。B 类地址用第一、二两个字节表示网络地址编码，后两个字节表示主机编码，第 1 个字节的前两位为 10。C 类地址用前三个字节表示网络地址编码，最后一个字节表示主机编码，第 1 个字节的前三位为 110。分类的 IP 地址见表3-1-1。

表 3-1-1　分类的 IP 地址

A 类地址	0		
	网络号	主机号	
B 类地址	1 0		
	网络号		主机号
C 类地址	1 1 0		
		网络号	主机号
D 类地址	1 1 1 0	多播地址	
E 类地址	1 1 1 1	保留为今后使用	

A 类地址的第一个字节在 1 到 126 之间，B 类地址的第一个字节在 128 到 191 之间，C 类地址的第一个字节在 192 到 223 之间。例如 200.1.25.7，是一个 C 类 IP 地址。155.22.100.25 是一个 B 类 IP 地址。A、B、C 类地址是我们常用来为主机分配的 IP 地址。D 类地址用于组播组的地址标识。E 类地址是 Internet Engineering Task Force (IETF)组织保留的 IP 地址，用于该组织自己的研究。

把一个主机的 IP 地址的主机码置为全 0 得到的地址码，就是这台主机所在网络的网络地址。例如 200.1.25.7 是一个 C 类 IP 地址。将其主机码部分（最后一个字节）置为全 0,200.1.25.7.0 就是 200.1.25.7 主机所在网络的网络地址。155.22.100.25 是一个 B 类 IP 地址。将其主机码部分（最后两个字节）置为全 0,155.22.0.0 就是 200.1.25.7 主机所在网络的网络地址。

我们知道 MAC 地址是固化在网卡中的，由网卡的制造厂家随机生成。IP 地址是怎么得到的呢？IP 地址是由 InterNIC (Network Information Center)分配的，它在美国 IANA (Internet Assigned Number Authority) 的授权下操作。我们通常是从 ISP(互联网服务提供商)处购买 IP 地址,ISP 可以分配它所购买的一部分 IP 地址给企业用户或者个人用户。

IP 地址的指派范围如表 3-1-2 所示。A 类地址通常分配给非常大型的网络，因为 A 类地址的主机位有三个字节的主机编码位，提供多达 1 600 万个 IP 地址给主机(2^{24}—2)。也就是说 61.0.0.0 这个网络，可以容纳多达 1 600 万个主机。全球一共只有 126 个 A 类网络地址，目前已经没有 A 类地址可以分配了。当你使用 IE 浏览器查询一个国外网站的时候，留心观察左下方的地址栏，可以看到一些网站分配了 A 类 IP 地址。

表 3-1-2 IP 地址的指派范围

网络类别	最大可指派的网络数	第一个可指派的网络号	最后一个可指派的网络号	每个网络中的最大主机数
A	126(2^7—2)	1	126	16 777 214
B	16 383(2^{14}—1)	128.1	191.255	65 534
C	2 097 151(2^{21}—1)	192.0.1	223.255.255	254

B 类地址通常分配给大机构和大型企业，每个 B 类网络地址可提供 65 000 多个 IP 主机地址(2^{16}—2)。全球一共有 16 384 个 B 类网络地址。

C 类地址用于小型网络，大约有 200 万个 C 类地址。C 类地址只有一个字节用来表示这个网络中的主机，因此每个 C 类网络地址只能提供 254 个 IP 主机地址(2^8—2)。

你可能注意到了，A 类地址第一个字节最大为 126，而 B 类地址的第一个字节最小为 128。第一个字节为 127 的 IP 地址，即不属于 A 类也不属于 B 类。第一个字节为 127 的 IP 地址实际上被保留用作回环测试，即主机把数据发送给自己。例如 127.0.0.1 是一个经常用作回环测试的 IP 地址。一般不使用的特殊 IP 地址如表 3-1-3 所示。

表 3-1-3 一般不使用的特殊 IP 地址

网络号	主机号	源地址使用	目的地址使用	代表的含义
0	0	可以	不可以	在本网络上的本主机
0	Host-id	可以	不可以	在本网络上的某个主机 host-id
全1	全1	不可以	可以	只在本网络上进行广播
Net-id	全1	不可以	可以	对 net-id 上的所有主机进行广播
127	非全0或全1的任何数	可以	可以	用作本地软件环回测试之用

由图 3-1-2 可见,有两类地址不能分配给主机:网络地址和广播地址。

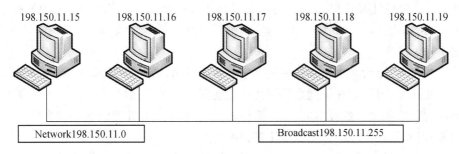

图 3-1-2 网络地址和广播地址不能分配给主机

广播地址是主机码置为全 1 的 IP 地址。例如 198.150.11.255 是 198.150.11.0 网络中的广播地址。在图中的网络里,198.150.11.0 网络中的主机只能在 198.150.11.1 到 198.150.11.254 范围内分配,198.150.11.0 和 198.150.11.255 不能分配给主机。

有些 IP 地址不必从 IP 地址注册机构 Internet Assigned Numbers Authority (IANA)处申请得到,这类地址的范围由表 3-1-4 给出,RFC1918 文件分别在 A、B、C 类地址中指定了三块作为内部 IP 地址。这些内部 IP 地址可以随便在局域网中使用,但是不能用在互联网中。

表 3-1-4 私有 IP 地址

类 型	私有地址
A	10.0.0.0—255.255.255.255
B	172.16.0.0—172.31.255.255
C	192.168.0.0—192.168.255.255

IP 地址是在 20 世纪 80 年代开始由 TCP/IP 协议使用的。不幸的是 TCP/IP 协议的设计者没有预见到这个协议会如此广泛地在全球使用。30 年后的今天,4 个字节编码的 IP 地址不久就要被使用完了。

A 类和 B 类地址占了整个 IP 地址空间的 75%,却只能分配给 17 000 个机构使用。只有占整个 IP 地址空间的 12.5% 的 C 类地址可以留给新的网络使用。

新的 IP 版本已经开发出来,被称为 IPv6。而旧的 IP 版本被称为 IPv4。IPv6 中的 IP 地址使用 16 个字节的地址编码,将可以提供 43 亿个 IP 地址,拥有足够的地址空间迎接未来的商业需要。

由于现有的数以千万计的网络设备不支持 IPv6,所以如何平滑地从 IPv4 迁移到 IPv6 仍然是个难题。不过,在 IP 地址空间即将耗尽的压力下,人们最终会用 IPv6 的 IP 地址描述主机地址和网络地址。

二、子网划分与子网掩码

假设江苏职业学校计算机工程系申请获得 3 个 C 类本地网络地址,如 192.168.45.0、192.168.46.0、192.168.47.0,该单位的所有主机的 IP 地址就将在这些网络地址里分配,那么这个 C 类地址能为多少台主机分配 IP 地址呢？一个 C 类 IP 地址,如 192.168.46.0 有一个字节用作主机地址编码,因此可以有 2^8—2 个,即 254 个 IP 地址码(计算 IP 地址数量时减 2,是因为网络地址本身 192.168.46.0 和这个网络内的广播 IP 地址 192.168.46.255 不能分配给主机)。

一个机房有 50 台学生机和相关教研室 6 台教师机。需要把 192.168.46.0 网络进一步划分成更小的子网,以在子网之间隔离介质访问冲突和广播报文。事实上,为了解决介质访问冲突和广播风暴的技术问题,一个网段超过 200 台主机的情况是很少的。一个好的网络规划中,每个网段的主机数都不超过 80 个。

将一个大的网络进一步划分成多个小的子网的另外一个目的是网络管理和网络安全的需要。那么这 6 个机房各个子网的地址是什么呢？怎样能让主机和路由器分清目标主机在哪个子网中呢？这就需要给每个子网分配子网的网络 IP 地址。

通行的解决方法是将 IP 地址的主机编码分出一些位来挪用为子网编码。下面以 192.169.46.0 为例,划分 4 个子网,分别分配给 4 个机房和相关的教师机。为了给子网编址,就需要挪用主机编码的编码位。另外两个 C 类地址也可以分别划分成四个子网。

根据机房一、机房二、机房三、机房四分成 4 个子网。现在需要从最后一个主机地址码字节中借用 2 位(2^2=4)来为这 4 个子网编址。子网编址的结果是:

机房一子网地址:192.168.46.<u>00</u>000000＝＝192.168.46.0

机房二子网地址:192.168.46.<u>01</u>000000＝＝192.168.46.64

机房三子网地址:192.168.46.<u>10</u>000000＝＝192.168.46.128

机房四子网地址:192.168.46.<u>11</u>000000＝＝192.168.46.192

在上面的表示中,用下划线来表示从主机位挪用的位。下划线明确地表现出所挪用的两位。

现在,根据上面的设计,把 192.168.46.0、192.168.46.64、192.168.46.128 和192.168.46.192 定为 4 个部门的子网地址,而不是主机 IP 地址。可是,别人怎么知道它们不是普通的主机地址呢？

需要设计一种辅助编码,用这个编码来告诉别人子网地址是什么。这个编码就是掩码。一个子网的掩码是这样编排的:用 4 个字节的点分二进制数来表示时,其网络地址部分全置为 1,它的主机地址部分全置为 0。如上例的子网掩码为:

11111111.11111111.11111111.11000000

通过子网掩码,我们就可以知道网络地址位是 26 位,而主机地址的位数是 6 位。

子网掩码在发布时并不是用点分二进制数来表示的,而是将点分二进制数表示的子网掩码翻译成与 IP 地址一样的用 4 个点分十进制数来表示。上面的子网掩码在发布时记作:

255.255.255.192

11000000 转换为十进制数为 192。二进制数转换为十进制数的简便方法是把二进制数分为高 4 位和低 4 位两部分。用高 4 位乘以 16,然后加上低 4 位。

下面是转换的步骤:

11000000 拆成高 4 位和低 4 位两部分:1100 和 0000

记住: 1000 对应十进制数 8

0100 对应十进制数 4

0010 对应十进制数 2

0001 对应十进制数 1

高 4 位 1100 转换为十进制数为 $8+4=12$，低 4 位转换为十进制数为 0。最后，11000000 转换为十进制数为 $12 \times 16+0=192$。

子网掩码通常和 IP 地址一起使用，用来说明 IP 地址所在的子网的网络地址。

图 3-1-3 显示 Windows 2000 主机的 IP 地址配置情况。图中的主机配置的 IP 地址和子网掩码是 192.168.46.73、255.255.255.192。

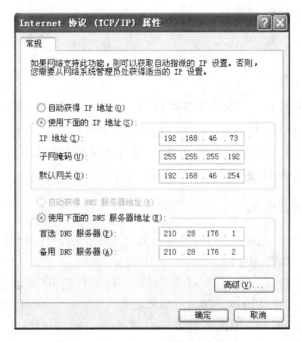

图 3-1-3 子网掩码的使用

一眼是无法通过子网掩码 255.255.255.192 看出 192.168.46.73 该在哪个子网上的，需要通过逻辑与运算来获得 192.168.46.9 所属子网的网络地址：

192.168.46.73   11000000.10101000.00101110.01010001

255.255.255.192 and 11111111.11111111.11111111.11000000

                     11000000.10101000.00101110.01000000

$=192.168.46.64$

因此，我们计算出 192.168.46.73 这台主机在 192.168.46.0 网络的 192.168.46.64 子网上。

如果我们不知道子网掩码，只看 IP 地址 192.168.46.73，我们就只能知道它在 192.168.46.0 网络上，而不知道在哪个子网上。

提示：在计算子网掩码的时候，经常要进行二进制数与十进制数之间的转换。可以借助 Windows 的计算器来轻松完成，但是要用"查看"菜单把计算器设置为"科学型"。Windows 的计算器默认设置是"标准型"。在十进制数转二进制数时，先选择"十进制"数值系统前面的小圆点,输入十进制数,然后点"二进制"数值系统前面的小圆点就得到转换的二进制数结果了。反之亦然,参见图3-1-4。

图3-1-4 使用计算器进行二进制数与十进制数之间的转换

子网掩码对于路由器设备非常重要。路由器要从数据报的IP报头中取出目标IP地址,用子网掩码和目标IP地址进行操作,进而得到目标IP地址所在网络的网络地址。路由器是根据目标网络地址来工作的。

三、子网中的地址分配

根据分配到的C类地址192.169.46.0,划分4个子网,分别分配给4个机房和相关的教师机。下面,以机房一的主机为例分配IP地址。

机房一的网络地址是192.168.46.0.0,第一台主机的IP地址就可以分配为192.168.46.1,第二台主机分配192.168.46.2,依此类推。最后一个IP地址是192.168.46.62,而不是192.168.46.63。原因是192.168.46.63是192.168.46.0子网的广播地址。

根据广播地址的定义:IP地址主机位全置为1的地址是这个IP地址在所在网络上的广播地址。192.168.46.0子网内的广播地址就是其主机位全置为1的地址。计算192.168.46.0子网内广播地址的方法是:把192.168.46.0转换为二进制数:192.168.46.00 000000,再将后6位主机编码位全置为1:192.168.46.00 <u>111111</u>,最后再转换回十进制数192.168.46.63。因此得知192.168.46.127是192.168.46.64子网内的广播地址。

同样方法可以计算出各个子网中主机的地址分配方案如表3-1-5所示。

表3-1-5 子网地址分配方案

部 门	子网地址	地址分配	广播地址
机房一	192.168.46.0	192.168.46.1 到 192.168.46.62	192.168.46.63
机房二	192.168.46.64	192.168.46.65 到 192.168.46.126	192.168.46.127
机房三	192.168.46.128	192.168.46.129 到 192.168.46.190	192.168.46.191
机房四	192.168.46.192	192.168.46.193 到 192.168.46.254	192.168.46.255

每个子网的 IP 地址分配数量是 26-2=62 个。IP 地址数量减 2 的原因是需要减去网络地址和广播地址。这两个地址是不能分配给主机的。所有子网的掩码是 255.255.255.192。各个主机在配置自己的 IP 地址时,要连同子网掩码 255.255.255.192 一起配置。

四、动态 IP 地址分配

每一台计算机都需要配置 IP 地址。动态分配 IP 地址是指计算机不用事先配置好 IP 地址,在其启动时由网络中的一台 IP 地址分配服务器负责为它分配。当这台机器关闭后,地址分配服务器将收回为其分配的 IP 地址。

有三个动态分配 IP 地址的协议:RARP(Reverse Address Resolution Protocol,逆地址解析协议)、BOOTP(Bootstrap Protocol,引导程序协议)和 DHCP(Dynamic Host Configuration Protocol,动态主机配置协议),其中 DHCP 应用较为广泛。图 3-1-5 以 DHCP 的工作原理来解释动态 IP 地址分配的过程。

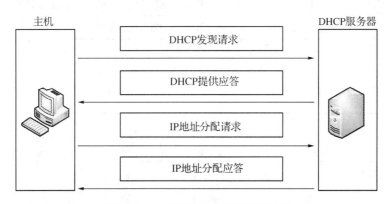

图 3-1-5 动态 IP 地址分配的过程

一台主机开机后如果发现自己没有配置 IP 地址,就将启动自己的 DHCP 程序,以动态获得 IP 地址。DHCP 程序首先向网络中发"DHCP 发现请求"广播包,寻找网络中的 DHCP 服务器。DHCP 服务器收听到这个请求后,将向请求主机发应答包(单播)。请求主机这时就可以向 DHCP 服务器发送"IP 地址分配请求"。最后,DHCP 服务器就可以在自己的 IP 地址池中取出一个 IP 地址,分配给请求主机。

**实践操作**

江苏职业学校计算机工程系网络地址规划方案设计

江苏职业学校要组建一个 56 台计算机的学生机房,包括 6 台教师机,通过前面的学习,我们知道交换机属于共享介质型的网络设备,它通常只用于小型局域网(50 台左右的工作站)和网段。

根据分析,所需 48 口交换机支持 VLAN、100M 交换机 20 台,每个机房交换机分配、IP 地址分配和子网掩码,根据计算机终端数量确定交换机类型、数量,所需 IP 地址个数,子网规模与子网掩码如表 3－1－6 所示。

表 3－1－6　交换机及子网分配方案

交换机	机　房	IP 地址范围	子网掩码
交换机 1－2	机房一	192.168.45.1—192.168.45.62	255.255.255.192
交换机 3－4	机房二	192.168.45.65—192.168.45.126	255.255.255.192
交换机 5－6	机房三	192.168.45.129—192.168.45.190	255.255.255.192
交换机 7－8	机房四	192.168.45.193—192.168.45.254	255.255.255.192
交换机 9－10	机房五	192.168.46.1—192.168.46.62	255.255.255.192
交换机 11－2	机房六	192.168.46.65—192.168.46.126	255.255.255.192
交换机 13－14	机房七	192.168.46.129—192.168.46.190	255.255.255.192
交换机 15－16	机房八	192.168.46.193—192.168.46.254	255.255.255.192
交换机 17－18	机房九	192.168.47.1—192.168.47.62	255.255.255.192
交换机 19－20	机房十	192.168.47.65—192.168.47.126	255.255.255.192

任务评估

自我小结			
软件使用情况	□☺	□☺	□☹
要点掌握情况	□☺	□☺	□☹
知识拓展情况	□☺	□☺	□☹
我的收获			
存在问题			
解决方法			

任务二　制作与测试双绞线

**任务描述**

要实现网络中的计算机之间的通信,通常需要用网线连接主机和交换机。网线有直通线和交叉线两种,如何制作网线呢? 李明同学在老师的指导下,学会了做网线。熟能生巧,经过几次练习后,李明同学做的网线基本能在机房里使用了。

**任务目标**

◇ 了解双绞线布线标准;
◇ 掌握直通式双绞线和交叉式双绞线的制作方法;
◇ 掌握测线器的使用方法。

**预备知识**

一、T568 - A 与 T568 - B 标准

每条双绞线中都有 8 根导线,导线的排列顺序必须遵循一定的规律,否则就会导致链路的连通性故障,或影响网络传输速率。

目前,最常用的布线标准有两个,分别是 EIA/TIA T568 - A 和 EIA/TIA T568 - B 两种。在一个综合布线工程中,可采用任何一种标准,但所有的布线设备及布线施工必须采用同一标准。通常情况下,在布线工程中采用 EIA/TIA T568 - B 标准。

(1) 按照 T568B 标准布线水晶头的 8 针(也称插针)与线对的分配如图 3 - 2 - 1 所示。线序从左到右依次为:1 -白橙、2 -橙、3 -白绿、4 -蓝、5 -白蓝、6 -绿、7 -白棕、8 -棕。4 对双绞线电缆的线对 2 插入水晶头的 1、2 针,线对 3 插入水晶头的 3、6 针。

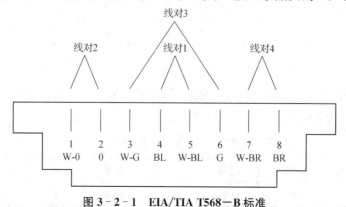

图 3 - 2 - 1　EIA/TIA T568 - B 标准

（2）按照 T568A 标准布线水晶头的 8 针与线对的分配如图 3-2-2 所示。线序从左到右依次为：1-白绿、2-绿、3-白橙、4-蓝、5-白蓝、6-橙、7-白棕、8-棕。4 对双绞线对称电缆的线对 2 接信息插座的 3、6 针，线对 3 接信息插座的 1、2 针。

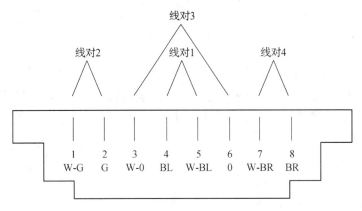

图 3-2-2　EIA/TIA T568-A 标准

二、判断跳线线序

只有搞清楚如何确定水晶头针脚的顺序，才能正确判断跳线的线序。将水晶头有塑料弹簧片的一面朝下，有针脚的一方向上，使有针脚的一端指向远离自己的方向，有方型孔的一端对着自己，此时，最左边的是第 1 脚，最右边的是第 8 脚，其余依次顺序排列。

三、跳线的类型

按照双绞线两端线序的不同，通常划分两类双绞线。

1. 直通线

根据 EIA/TIA 568-B 标准，两端线序排列一致，一一对应，即不改变线的排列，称为直通线。直通线线序如表 3-2-1 所示，当然也可以按照 EIA/TIA 568-A 标准制作直通线，此时跳线两端的线序依次为：1-白绿、2-绿、3-白橙、4-蓝、5-白蓝、6-橙、7-白棕、8-棕。

表 3-2-1　直通线线序

端 1	白橙	橙	白绿	蓝	白蓝	绿	白棕	棕
端 2	白橙	橙	白绿	蓝	白蓝	绿	白棕	棕

2. 交叉线

根据 EIA/TIA 568-B 标准，改变线的排列顺序，采用"1-3,2-6"的交叉原则排列，称为交叉网线。交叉线线序如表 3-2-2 所示。

表 3-2-2　交叉线线图

端 1	白橙	橙	白绿	蓝	白蓝	绿	白棕	棕
端 2	白绿	绿	白橙	蓝	白蓝	橙	白棕	棕

　　在进行设备连接时，需要正确的选择线缆。通常将设备的 RJ-45 接口分为 MDI 和 MDIX 两类。当同种类型的接口通过双绞线互联时（两个接口都是 MDI 或都是 MDIX），使用交叉线；当不同类型的接口（一个接口是 MDI，一个接口是 MDIX）通过双绞线互联时，使用直通线。通常主机和路由器的接口属于 MDI，交换机和集线器的接口属于 MDIX。例如交换机与主机相连采用直通线，路由器和主机相连则采用交叉线。表3-2-3 列出了设备间连线，表中 N/A 表示不可连接。

表 3-2-3　设备间连线

	主机	路由器	交换机 MDIX	交换机 MDI	集线器
主机	交叉	交叉	直通	N/A	直通
路由器	交叉	交叉	直通	N/A	直通
交换机 MDIX	直通	直通	交叉	直通	交叉
交换机 MDI	N/A	N/A	直通	交叉	直通
集线器	直通	直通	交叉	直通	交叉

　　注意：随着网络技术的发展，目前一些新的网络设备，可以自动识别连接的网线类型，用户不管采用直通网线或者交叉网线均可以正确连接设备。

实践操作

一、制作双绞线

（一）材料与工具的准备

1. 双绞线

在将双绞线剪断前一定要计算好所需的长度。如果剪断的比实际长度还短，将不能再接长。

2. RJ-45 接头

RJ-45 水晶头。每条网线的两端各需要一个水晶头。水晶头质量的优劣不仅是网线能够制作成功的关键之一，也在很大程度上影响着网络的传输速率，推荐选择真的 AMP 水晶头。假的水晶头的铜片容易生锈，对网络传输速率影响特别大。

3. 压线钳

压线钳又称驳线钳，是用来压制水晶头的一种工具。常见的电话线接头和网线接头都是用驳线钳压制而成的。

4. 测线仪

将网线的一端接入测线仪的一个 RJ45 口中，另一端接另一个 RJ45 口。

测线仪上有两组相对应的指示灯，一组从1~8，另一组从1~8，也有不同品牌的两组

顺序相同。开机测试后,这两组灯一对一地亮起来,比如第一组是1号灯亮,另一组也是1号灯亮,这样依次闪亮直到8号灯。如果哪一组的灯没有亮,则表示网线有问题,几号灯亮则表示几号线,可以按照排线顺序推出来的。

(二)制作步骤

步骤1:准备好5类双绞线、RJ-45插头和一把专用的压线钳,如图3-2-3所示。

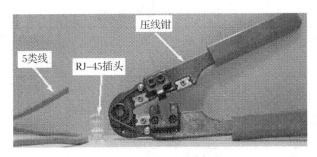

图3-2-3 材料准备

步骤2:用压线钳的剥线刀口将5类双绞线的外保护套管划开(小心不要将里面的双绞线的绝缘层划破),刀口距5类双绞线的端头至少2厘米,如图3-2-4所示。

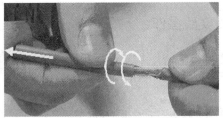

图3-2-4 剥线

步骤3:按照EIA/TIA-568B标准(橙白、白、绿白、蓝、蓝白、绿、棕白、棕)和导线颜色将导线按规定的序号排好,如图3-2-5所示。

图3-2-5 排线

步骤 4：准备用压线钳的剪线刀口将 8 根导线剪断，请注意：一定要剪得很整齐。剥开的导线长度不可太短。可以先留长一些。不要剥开每根导线的绝缘外层，如图 3－2－6 所示。

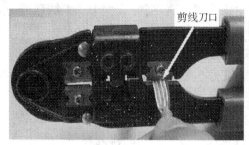 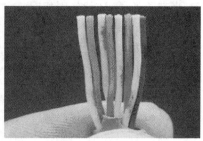

图 3－2－6 剪线

步骤 5：将剪齐的电缆线放入 RJ－45 插头试试长短（要插到底），电缆线的外保护层最后应能够在 RJ－45 插头内的凹陷处被压实。在确认一切都正确后（特别要注意不要将导线的顺序排列反了），将 RJ－45 插头放入压线钳的压头槽内，准备最后的压实。反复进行调整，如图 3－2－7 所示。

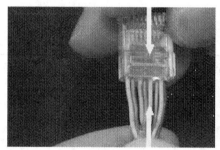 

图 3－2－7 压线

步骤 6：现在已经完成了线缆一端的水晶头的制作，按照 EIA/TIA－568B 和前面介绍的步骤来制作另一端的水晶头。

制作双绞线交叉线的步骤和操作要领与制作直通线一样，只是交叉线两端一端按 EIA/TIA－568B 标准，另一端是 EIA/TIA－568A 标准。

二、跳线的测试

制作完成双绞线后，下一步需要检测它的连通性，以确定是否有连接故障。

通常使用电缆测试仪进行检测。建议使用专门的测试工具（如 Fluke DSP4000 等）进行测试，也可以购买廉价的网线测试仪。如常用的上海三北的"能手"网络电缆测试仪，如图 3－2－8 所示。

测试时将双绞线两端的水晶头分别插入主测试仪和远程测试端的 RJ－45 端口，将开关开至"ON"

图 3－2－8 双绞线测试

（S 为慢速挡），主机指示灯从 1 至 8 逐个顺序闪亮。

若连接不正常，按下述情况显示：

（1）当有一根导线断路，则主测试仪和远程测试端对应线号的灯都不亮。

（2）当有几条导线断路，则相对应的几条线都不亮，当导线少于 2 根线联通时，灯都不亮。

（3）当两头网线乱序，则与主测试仪端连通的远程测试端的线号亮。

（4）当导线有 2 根短路时，则主测试器显示不变，而远程测试端显示短路的两根线灯都亮。若有 3 根以上（含 3 根）线短路时，则所有短路的几条线对应的灯都不亮。

（5）如果出现红灯或黄灯，就说明存在接触不良等现象，此时最好先用压线钳压制两端水晶头一次，再测，如果故障依旧存在，就得检查一下芯线的排列顺序是否正确。如果芯线顺序错误，那么就应重新进行制作。

提示：如果测试的线缆为直通线缆，测试仪上的 8 个指示灯应该依次闪烁。如果线缆为交叉线缆，其中一侧同样是依次闪烁，而另一侧则会按 3、6、1、4、5、2、7、8 这样的顺序闪烁。如果芯线顺序一样，但测试仪仍显示红色灯或黄色灯，则表明其中肯定存在对应芯线接触不好的情况，此时就需要重做水晶头了。

 **任务评估**

自我小结			
软件使用情况	□☺	□☺	□☹
要点掌握情况	□☺	□☺	□☹
知识拓展情况	□☺	□☺	□☹
我的收获			
存在问题			
解决方法			

任务三　简单配置交换机

任务描述

　　在交换式局域网中，主机连接到交换机端口，一般需要对交换机进行配置，连接在交换机上主机之间才能进行通信。要了解交换机组成结构及分类，掌握交换机的简单配置。熟悉交换机 VLAN 技术及其配置。李明同学领略到交换机的"神奇"。

任务目标

　　◇ 交换机组成；
　　◇ 交换机分类；
　　◇ 交换机简单配置；
　　◇ 交换机 VLAN 技术。

预备知识

一、交换机的组成

　　交换机相当于是一台特殊的计算机，同样有 CPU、存储介质和操作系统，只不过这些都与 PC 机有些差别而已。交换机也由硬件和软件两部分组成。

　　软件部分主要是 IOS 操作系统，硬件主要包含 CPU、端口和存储介质。交换机的端口主要有以太网端口（Ethernet）、快速以太网端口（Fast Ethernet）、吉比特以太网端口（Gigabit Ethernet）和控制台端口。存储介质主要有 ROM（Read-Only Memory，只读储存设备）、FLASH（闪存）、NVRAM（非易失性随机存储器）和 DRAM（动态随机存储器）。

　　其中，ROM 相当于 PC 机的 BIOS，交换机加电启动时，将首先运行 ROM 中的程序，以实现对交换机硬件的自检并引导启动 IOS。该存储器在系统掉电时程序不会丢失。

　　FLASH 是一种可擦写、可编程的 ROM，FLASH 包含 IOS 及微代码。FLASH 相当于 PC 机的硬盘，但速度要快得多，可通过写入新版本的 IOS 来实现对交换机的升级。FLASH 中的程序，在掉电时不会丢失。

　　NVRAM 用于存贮交换机的配置文件，该存储器中的内容在系统掉电时也不会丢失。

　　DRAM 是一种可读写存储器，相当于 PC 机的内存，其内容在系统掉电时将完全丢失。

二、交换机的性能指标

　　1. 转发速率

　　也称吞吐量，单位是 pps。转发速率体现了交换引擎的转发性能。转发速率

(Forwarding Rate)指基于 64 字节分组(在衡量交换机包转发能力时应当采用最小尺寸的包进行评价)在单位时间内交换机转发的数据总数。在计算数据包的个数时,除了考虑包本身的大小外,还要考虑每个帧的头部加上的 8 个字节的前导符以及用于检测和处理冲突的帧间隔,在以太网标准中帧间隔规定最小是 12 个字节。"线速转发"是指无延迟地处理线速收到的帧,无阻塞交换。因此交换机达到线速时包转发率的计算公式是:

(1 000 Mbit×千兆端口数量+100 Mbit×百兆端口数量+10 Mbit×十兆端口数量+其他速率的端口类推累加)/(64+12+8)bytes×8 bit/bytes)=1.488 Mpps×千兆端口数量+0.148 8 Mpps×百兆端口数量+其他速率的端口类推累加。单位 MPPS。

如果交换机的该指标参数值小于此公式计算结果则说明不能够实现线速转发,反之还必须进一步衡量其他参数。

2. 端口吞吐量

该参数反映端口的分组转发能力。常采用两个相同速率端口进行测试,与被测口的位置有关。吞吐量是指在没有帧丢失的情况下,设备能够接受的最大速率。其测试方法是:在测试中以一定速率发送一定数量的帧,并计算待测设备传输的帧,如果发送的帧与接收的帧数量相等,那么就将发送速率提高并重新测试;如果接收帧少于发送帧则降低发送速率重新测试,直至得出最终结果。

吞吐量和转发速率是反映网络设备性能的重要指标,一般采用 FDT(Full Duplex Throughput)来衡量,指 64 字节数据包的全双工吞吐量。

满配置吞吐量是指所有端口的线速转发率之和。

满配置吞吐量(Mbps)=1.488 Mbps×千兆端口数量+0.148 8 Mbps×百兆端口数量+其他速率的端口类推累加

3. 背板带宽与交换容量

交换引擎的作用是实现系统数据包交换、协议分析、系统管理,它是交换机的核心部分,类似于 PC 机的 CPU+OS,分组的交换主要通过专用的 ASIC 芯片实现。

背板带宽是指交换机接口处理器或接口卡和数据总线间所能吞吐的最大数据量。所有端口间的通讯都要通过背板完成。带宽越大,能够给各通讯端口提供的可用带宽越大,数据交换速度越快;带宽越小,则能够给各通讯端口提供的可用带宽越小,数据交换速度也就越慢。因此,背板带宽越大,交换机的传输速率则越快,单位为 bps。背板带宽也叫交换带宽。如果交换机背板带宽大于交换容量,则可以实现线速交换。但厂家在设计时考虑了将来模块的升级,会将背板带宽设计得较大。

交换容量(最大转发带宽、吞吐量)是指系统中用户接口之间交换数据的最大能力,用户数据的交换是由交换矩阵实现的。交换机达到线速时,交换容量等于端口数×相应端口速率×2(全双工模式)。如果这一数值小于背板带宽,则可实现线速转发。

背板带宽资源的利用率与交换机的内部结构息息相关。目前交换机的内部结构主要有以下几种:一是共享内存结构,这种结构依赖中心交换引擎来提供全端口的高性能连接,由核心引擎检查每个输入包以决定路由。这种方法需要很大的内存带宽、很高的管理费用,尤其是随着交换机端口的增加,中央内存的价格会很高,因而交换机内核成为性能实现的瓶颈;二是交叉总线结构,它可在端口间建立直接的点对点连接,这对于单点传输性能很好,但不适合多点传输;三是混合交叉总线结构,这是一种混合交叉总线实现方式,它的设计思路是,将一体的交叉总线矩阵划分成小的交叉矩阵,中间通过一条高性能的总线连接。其优点是减少了交叉总线数,降低了成本,减少了总线争用;但连接交叉矩阵的总线成为新的性能瓶颈。

4. 端口

按端口的组合目前主要有三种,纯百兆端口产品、百兆和千兆端口混合产品,纯千兆产品,每一种产品所应用的网络环境都不一样。如果是应用于核心骨干网络上,最好选择全千兆产品;如果是处于上连骨干网上,选择百兆＋千兆的混合产品;如果是边缘接入,预算多一点就选择混合产品,预算少的话,直接采用原有的纯百兆产品。

5. 缓存和 MAC 地址数量

每台交换机都有一张 MAC 地址表,记录 MAC 地址与端口的对应关系,从而根据MAC 地址将访问请求直接转发到对应的端口。存储的 MAC 地址数量越多,数据转发的速度和效率也就越高,抗 MAC 地址溢出能力也就越强。

缓存用于暂时存储等待转发的数据。如果缓存容量较小,当并发访问量较大时,数据将被丢弃,从而导致网络通信失败。只有缓存容量较大,才可以在组播和广播流量很大的情况下,提供更佳的整体性能,同时保证最大可能的吞吐量。目前,几乎所有的廉价交换机都采用共享内存结构,由所有端口共享交换机内存,均衡网络负载并防止数据包丢失。

6. 管理功能

现在交换机厂商一般都提供管理软件或满足第三方管理软件远程管理交换机。一般的交换机满足 SNMP MIB I/MIB II 统计管理功能,而复杂一些的千兆交换机会增加通过内置 RMON 组(mini&RMON)来支持 RMON 主动监视功能。有的交换机还允许外接 RMON 来监视可选端口的网络状况。

7. 虚拟局域网

通过将局域网划分为 VLAN(Virtual Local Area Network,虚拟局域网)网段,可以强化网络管理和网络安全,控制不必要的数据广播。在虚拟网络中,广播域可以是有一组任意选定的 MAC 地址组成的虚拟网段。这样,网络中工作组的划分可以突破共享网络中的地理位置限制,而完全根据管理功能来划分。好的产品目前可提供功能较为细致丰富的虚网划分功能。

8. 冗余支持

交换机在运行过程中可能会出现不同的故障,所以是否支持冗余也是其重要的指标,当有一个部件出现问题时,其他部件能够接着工作,而不影响设备的继续运转,冗余组件一般包括:管理卡、交换结构、接口模块、电源、冷却系统、机箱风扇等。另外对于提供关键服务的管理引擎及交换阵列模块,不仅要求冗余,还要求这些部分具有"自动切换"的特性,以保证设备冗余的完整性,当有一块这样的部件失效时,冗余部件能够接替工作,以保障设备的可靠性。

9. 支持的网络类型

交换机支持的网络类型是由其交换机的类型来决定的，一般情况下固定配置不带扩展槽的交换机仅支持一种类型的网络，是按需定制的。机架式交换机和固定式配置带扩展槽交换机可支持一种以上的网络类型，如支持以太网、快速以太网、千兆以太网、ATM、令牌环及 FDDI 网络等。一台交换机支持的网络类型越多，其可用性、可扩展性就会越强，同时价格也会越昂贵。

三、交换机的分类

1. 根据在网络中的地位和作用分类

（1）接入层交换机：主要用于用户计算机的连接。如 Cisco Catalyst 2950，锐捷 RG‑S2126S 等，它常被用作以太网桌面接入设备。

（2）汇聚层交换机：主要用于将接入层交换机进行汇聚，并提供安全控制。如 Cisco Catalyst 4500、锐捷 RG‑S3760 等，它提供了 2～4 层交换功能。可用于中型配线间、中小型网络核心层等。

（3）核心层交换机：主要提供汇聚层交换机间的高速数据交换。如 Cisco Catalyst 6500、锐捷的 RG‑S8606，它是一个智能化核心交换机，它可用于高性能配线间或网络中心。

2. 根据对数据包处理方式的不同分类

（1）存储转发式交换机（Store and Forward）：交换机接收到整个帧并作检查，确认无误后再转发出去。它的优点是转发出去的帧是正确的，缺点是时延大。

（2）直通式交换机（Cut-through）：交换机检查到目标地址后就立即转发该帧。因为目标地址位于数据帧的前 14 个字节，所以交换机只检查前 14 个字节后就立即转发。很明显这种交换机的特点是转发速度快，时延小。但由于缺少 CRC 校验，可能会将碎片帧和无效帧转发出去。

（3）无碎片式交换机（Fragment Free）：这是对直通式交换机的改进。由于以太网最小的数据帧长度不得小于 64 个字节，因此如果能对数据帧的前 64 个字节进行检查，则就减少了发送无效帧的可能性，提高了可靠性。这就是无碎片式交换机的工作原理。

3. 根据工作的网络协议层次不同分类

（1）二层交换机：根据 MAC 地址进行数据的转发，工作在数据链路层，交换机不加说明，通常是指二层交换机。

（2）三层交换机：三层交换技术就是二层交换技术＋三层转发技术，即三层交换机就是具有部分路由器功能的交换机。三层交换机的最重要目的是加快大型局域网内部的数据交换，能够做到一次路由，多次转发。在企业网和校园网中，一般会将三层交换机用在网络的核心层，用三层交换机上的千兆端口或百兆端口连接不同的子网或 VLAN。但三层交换机的路由功能没有同一档次的专业路由器强。在实际应用过程中，典型的做法是：处于同一个局域网中的各个子网的互联以及局域网中 VLAN 间的路由，用三层交换机来代替路由器,而只有局域网与公网互联实现跨地域的网络访问时,才通过专业路由器。

（3）多层交换机:会利用第三层以及第三层以上的信息来识别应用数据流会话,这些信息包括 TCP/UDP 的端口号、标记应用会话开始与结束的"SYN/FIN"位以及 IP 源/目的地址。利用这些信息,多层交换机可以做出向何处转发会话传输流的智能决定。

四、交换机的地址

1. MAC 地址表

MAC 地址是以太网设备上固化的地址,用于唯一标识每一台设备。MAC 地址是 48 位地址,分为前 24 位和后 24 位,前 24 位用于分配给相应的厂商,后 24 位则由厂家自行指派。交换机就是根据 MAC 地址表进行数据的转发和过滤的。在交换机地址表中,地址类型有以下几类:

动态地址:动态地址是交换机通过接收到的报文自动学习到的地址。交换机通过学习新的地址和老化掉不再使用的地址来不断更新其动态地址表。可通过设置老化时间来更新地址表中的地址。

静态地址:静态地址是手工添加的地址。静态地址只能手工进行配置和删除,不能学习和老化。

过滤地址:过滤地址是手工添加的地址。当交换机接收到以过滤地址为源地址的包时将会直接丢弃。过滤 MAC 地址永远不会被老化,只能手工进行配置和删除。如果希望交换机能屏蔽掉一些非法的用户,可以将这些用户的地址设置为过滤地址。

MAC 地址和 VLAN 的关联:所有的 MAC 地址都和 VLAN 相关联,相同的 MAC 地址可以在多个 VLAN 中存在,不同 VLAN 可以关联不同的端口。每个都维护它自己的逻辑上的一份地址表。一个 VLAN 已学习的 MAC 地址,对于其他 VLAN 而言可能就是未知的,仍然需要学习。

2. IP 和 MAC 地址绑定

地址绑定功能是指将 IP 地址和 MAC 地址绑定起来,如果将一个 IP 地址和一个指定的 MAC 地址绑定,则当交换机收到源 IP 地址为这个 IP 地址的帧时,当帧的源 MAC 地址不为这个 IP 地址绑定的 MAC 时,这个帧将会被交换机丢弃。

利用地址绑定这个特性,你可以严格控制交换机的输入源的合法性校验。

3. MAC 地址变化通知

MAC 地址通知是网管员了解交换机中用户变化的有效手段。如果打开这一个功能,当交换机学习到一个新的 MAC 地址或删除掉一个已学习到的 MAC 地址,一个反映 MAC 地址变化的通知信息就会产生,而且将以 SNMP Trap 的形式将通知信息发送给指定的 NMS(网络管理工作站),并将通知信息记录到 MAC 地址通知历史记录表中。所以可能通过 Trap 的 NMS 或查看 MAC 地址通知历史记录表来了解最近 MAC 地址变化的消息。虽然 MAC 地址通知功能是基于接口的,但 MAC 地址通知开关是全局。只有全局开关打开,接口的 MAC 地址通知功能才会发生。

五、交换机的工作原理

为了解决传统以太网由于碰撞引起的网络性能下降问题,人们提出了网段分割的解决方法。其基本出发点就是将一个共享介质网络划分为多个网段,以减少每个网段中的设备数量。网络分段最初是用网桥或路由器来实现的,它们确实可以解决一些网络瓶颈与可靠性方面的问题,但解决得并不彻底。网桥端口数目一般较少,而且每个网桥只有一个生成树协议。而路由器转发速度又比较慢。所以人们逐渐采用一种称为交换机(Switch)的设备来取代网桥和路由器对网络实施网段分割。

交换机(Switch)有多个端口,每个端口都具有桥接功能,可以连接一个局域网、一台服务器或工作站。所有端口由专用处理器进行控制,并经过控制管理总线转发信息。交换机运行多个生成树协议。具体地交换机主要有以下三个功能。

(一)地址学习功能

交换机通过检查被交换机接收的每个帧的源 MAC 地址来学习 MAC 地址,通过学习交换机就会在 MAC 地址表中加上相应的条目,从而为以后做出更好的选择。如图 3-3-1 所示,开始 MAC 地址是空的。

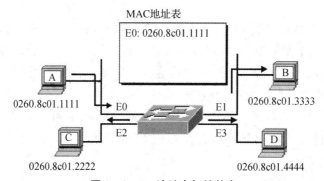

图 3-3-1　地址表初始状态

这时如果 A 站要发数据帧给 C 站,由于在 MAC 地址表中没有 C 站的地址,所以数据被转发到除 E0 端口以外的所有端口,同时 A 站的地址被登记到 MAC 地址表中,如图 3-3-2 所示。

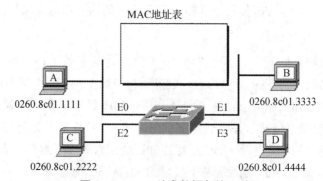

图 3-3-2　A 站发数据包给 C 站

　　同样如果 D 站要发数据帧给 C 站，由于在 MAC 地址表中没有 C 站地址，所以数据帧被转发到除 E3 端口以外的所有端口，同时 D 站的地址被登记到 MAC 地址表中，如图 3-3-3 所示。

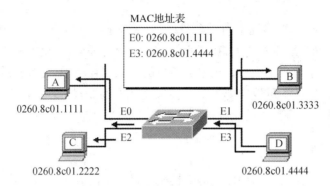

图 3-3-3　D 站发数据包给 C 站

　　同样的道理经过不断的学习，B、C 站的地址都被登记到 MAC 地址表中，如图 3-3-4 所示。

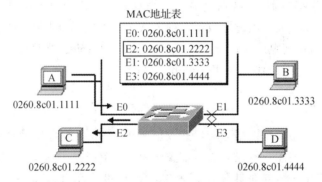

图 3-3-4　地址表形成后 A 站发数据给 C 站

（二）转发或过滤选择

　　交换机根据目的 MAC 地址，通过查看 MAC 地址表，决定转发还是过滤。如果目标 MAC 地址和源 MAC 地址在交换机的同一物理端口，则过滤该帧，例如，如果与 A 站位于同一网段的站点发数据帧给 A 站，则该帧不会被转发到其他端口，此功能称为过滤。如果 A 站要发数据帧给 C 站，由于在 MAC 地址表中已有 C 站的信息，则数据帧通过 E2 端口转发给 C 站，而不会转发给其他的端口。但如果目标地址是一个广播地址，则数据帧会转发给所有目标端口。

（三）防止交换机环路

　　物理冗余链路有助于提高局域网的可用性，当一条链路发生故障时，另一条链路可继续使用，从而不会使数据通信中止。但如果因为冗余链路而让交换机构成环，则数据会在交换机环中作无休止地循环，形成广播风暴。多帧的重复拷贝导致 MAC 地址表的不稳定。解决这一问题的方法就是使用生成树协议。生成树协议有传统的生成树协议和快速生成树协议。

六、交换机的级联与堆叠

最简单的局域网(LAN)通常由一台集线器(或交换机)和若干台微机组成。随着计算机数量的增加、网络规模的扩大,在越来越多的局域网环境中,交换机取代了集线器,多台交换机互连取代了单台交换机。在多交换机的局域网环境中,交换机的级联、堆叠是两种重要的技术。级联技术可以实现多台交换机之间的互联;堆叠技术可以将多台交换机组成一个单元,从而提高更大的端口密度和更高的性能。

(一)交换机级联

级联可以定义为两台或两台以上的交换机通过一定的方式相互连接,根据需要,多台交换机可以以多种方式进行级联。在较大的局域网例如园区网(校园网)中,多台交换机按照性能和用途一般形成总线型、树型或星型的级联结构。

交换机间一般是通过普通用户端口进行级联,有些交换机则提供了专门的级联端口(Uplink Port)。这两种端口的区别仅仅在于普通端口符合 MDIX 标准,而级联端口(或称上行口)符合 MDI 标准。由此导致了两种方式下接线方式不同:当两台交换机都通过普通端口级联时,端口间电缆采用交叉电缆(Crossover Cable);当且仅当其中一台通过级联端口时,采用直通电缆(Straight Through Cable)。

(二)交换机堆叠

为了使交换机满足大型网络对端口的数量要求,一般在较大型网络中都采用交换机的堆叠方式来解决。要注意的是只有可堆叠交换机才具备这种端口,所谓可堆叠交换机,就是指一个交换机中一般同时具有"UP"和"DOWN"堆叠端口(如图)。当多个交换机连接在一起时,其作用就像一个模块化交换机一样,堆叠在一起交换机可以当作一个单元设备来进行管理。一般情况下,当有多个交换机堆叠时,其中存在一个可管理交换机,利用可管理交换机可以堆叠式交换机中的其他"独立型交换机"进行管理。可堆叠式交换机可以非常方便地实现对网络的扩充,是新建网络时较为理想的选择。

堆叠中的所有交换机可以视为一个整体的交换机来进行管理,也就是说,堆叠中所有的交换机从拓扑结构上可以视为一个交换机。堆栈在一起的交换机可以当作一台交换机来统一管理。交换机堆叠技术采用了专门的管理模块和堆栈连接电缆,这样做的好处是:一方面增加了用户端口,能够在交换机之间建立一条较宽的宽带链路,这样每个实际使用的用户带宽就有可能更宽(只有在并不是所有端口都在使用情况下);另一方面多个交换机能够作为一个大的交换机,便于统一管理。

七、VLAN 技术

VLAN(Virtual Local Area Network,虚拟局域网),传统的局域网是根据物理网络的拓扑结构来划分的,而虚拟局域网技术是使用逻辑的方式根据不同功能需求、不同项目组或不同的应用将物理网络划分为不同的广播域,IEEE 于 1999 年颁布了 802.1Q 协议标准草案来规范标准化的 VLAN 实现。

　　VLAN 技术允许将一个物理的 LAN 逻辑地划分成各个不同的逻辑网段,每一个逻辑网段形成一个单独的广播域(或称虚拟 LAN,即 VLAN),与物理上形成的 LAN 有着相同的属性。但由于它是逻辑地而不是物理地划分,所以同一个 VLAN 内的各个工作站不一定属于同一个物理 LAN 网段。一个 VLAN 内部的广播和单播流量都不会转发到其他 VLAN 中,从而有助于控制网络的流量、简化网络管理、提高网络的安全性。

(一)冲突域与广播域

　　连接于同一网桥或交换机端口的计算机构成一个冲突域,也就是说处于同一端口的计算机在某一时刻只能有一台计算机发送数据,其他处于监听状态,如果出现两台或两台以上计算机同时发送数据,便会出现冲突。网桥/交换机的本质和功能是通过将网络分割成多个冲突域来增强网络服务,但是网桥/交换网络仍是一个广播域,因为网桥会向所有端口转发未知目的端口的数据帧,可能导致网络上充斥广播包(广播风暴)以致无法正常通信。控制广播风暴就要对广播域进行分割,通常有两种方法,一是使用路由器,处于同一路由器端口的属于同一广播域。但路由器转发效率较低,往往会成为网络速度的瓶颈。于是人们又利用转发速度更快的三层交换机来构建虚网实现分割广播域。本质上一个虚网就是一个广播域。虚网结构如图 1-3-1 所示。从图中可以看出,可以将位于不同物理位置的计算机组合成一个逻辑虚网。

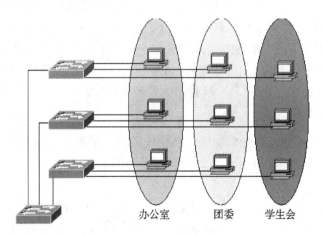

图 3-3-5　虚网结构

(二)虚网的优点

　　安全性好。在没有路由的情况下,不同虚网间不能相互通信。

　　网络分段。可将物理网络逻辑分段,而不是按物理分段。可以将不同地点、不同部门的计算机划分在一个虚网上,为网络的有效管理提供了方便。

　　提供较好的灵活性。可以很方便地将一站点加入某个虚网中或从某个虚网中删除。

(三) 划分虚网的方法

依据 VLAN 在交换机上的不同的实现方法,VLAN 可以大致划分为四类。

1. 基于端口划分 VLAN

这是目前最常见的划分 VLAN 的方法,这种划分 VLAN 的方法是根据以太网交换机的端口来划分,一台交换机的一个端口可以属于不同的 VLAN,而不同端口可以属于相同的 VLAN,比如可以划分 BDCOM S2224 的端口,1 属于为 VLAN 1 和 VLAN 2,端口 2~10 为 VLAN1,端口 11~24 属于 VLAN 2,具体如何配置,由用户根据实际需要自己来决定,如果有多个交换机,例如,可以指定交换机 1 的 1~6 端口和交换机 2 的 1~4 端口为同一 VLAN,即同一 VLAN 可以跨越多个支持 VLAN 的以太网交换机,这就是 VLAN 的透传特性。IEEE 802.1Q 规范了基于端口划分 VLAN 的国际标准。

基于端口划分 VLAN 的方法的优点是配置简单,只要将所有的端口的 VLAN 属性一次性定义一下就可以了。缺点是灵活性不足,比如,用户 A 连接在交换机上属于 VLAN 1 的端口 1 上,当用户 A 由于某种原因离开了端口 1,连接到网络中另一台交换机的端口 2,如果此端口 2 不属于 VLAN 1,那么就需要重新定义该端口的 VLAN 属性。

2. 基于 MAC 地址划分 VLAN

这种划分 VLAN 的方法是根据每个主机的 MAC 地址来划分,即对每个 MAC 地址可以配置属于哪些 VLAN。这种划分 VLAN 的方法的优点是比较灵活,就是当用户物理位置移动时,即从一个交换机换到其他的交换机时,VLAN 不用重新配置,从某种意义上可以认为这种根据 MAC 地址的划分方法是一种基于用户的 VLAN,这种方法的缺点是初始化时,所有的用户都必须进行配置,如果有几百个甚至上千个用户,配置是非常麻烦的。基于 MAC 地址划分 VLAN 所付出的管理成本比较高。

3. 基于协议划分 VLAN

这种划分 VLAN 的方法是根据以太网帧中的协议类型域定义的协议的不同来划分 VLAN。如:使用 IP 和 IPX 的用户,分别属于不同的 VLAN,而使用 SNAP 的用户则属于另外的 VLAN。

这种方法的优点是用户的物理位置改变了,不需要重新配置所属的 VLAN,而且可以根据协议类型来划分 VLAN,这对网络管理者来说很重要,还有,这种方法不需要附加的帧标签来识别 VLAN,这样可以减少网络的通信量。

这种方法的缺点是效率低,因为检查每一个数据包的网络层地址是需要消耗处理时间的(相对于前面两种方法),一般的交换机芯片都可以自动检查网络上数据包的以太网帧头,但要让芯片能检查 IP 帧头,需要更高的技术,同时也更费时。当然,这与各个厂商的实现方法有关。

4. 根据 IP 地址划分 VLAN

这种划分 VLAN 的方法是根据每个主机的 IP 地址进行划分的,例如将不同的子网地址划分成不同的 VLAN。

鉴于当前业界 VLAN 发展的趋势,考虑到各种 VLAN 划分方式的优缺点,为了最大限度地满足用户在具体使用过程中需求,减轻用户在 VLAN 的具体使用和维护中的工作量,一般交换机采用根据端口来划分 VLAN 的方法。

八、Packet Tracer 模拟软件使用

思科模拟器(Packet Tracer)是由 Cisco 公司发布的一个辅助学习工具,为学习 CCNA 课程的网络初学者去设计、配置、排除网络故障提供了网络模拟环境。学生可在软件的图形用户界面上直接使用拖曳方法建立网络拓扑,软件中实现的 IOS 子集允许学生配置设备,并可提供数据包在网络中行进的详细处理过程,观察网络实时运行情况。

目前 Packet Tracer 最新版本为 6.0,通过它用户可以模拟各种网络环境,在没有真实设备的情况下学习 IOS 的配置、锻炼故障排查能力。总的来说,是一款非常强大、非常实用的软件。

(一) 软件功能介绍

随着软件的不断升级与完善,功能越来越强大,目前的版本已经能够支持学员学习 CCNA 和 CCNP 的全部课程。该软件主要功能如下:

(1) 支持多协议模型:支持常用协议 HTTP, DNS, TFTP, Telnet, TCP, UDP, Single Area OSPF, DTP, VTP, and STP,同时支持 IP, Ethernet, ARP, wireless, CDP, Frame Relay, PPP, HDLC, inter-VLAN routing, and ICMP 等协议模型。

(2) 支持大量的设备仿真模型:路由器、交换机、无线网络设备、服务器、各种连接电缆、终端等,这些设备是基于 CISCO 公司,还能仿真各种模块,在实际实验设备中是无法配置整齐的。提供图形化和终端两种配置方法。各设备模型有可视化的外观仿真。

(3) 支持逻辑空间和物理空间的设计模式:逻辑空间模式用于进行逻辑拓扑结构的实现;物理空间模式支持构建城市,以及楼宇、办公室、配线间等虚拟设置。

(4) 可视化的数据报表示工具:配置有一个全局网络探测器,可以显示仿真数据报的传送路线,并显示各种模式,前进后退,或一步步执行。

(5) 数据报传输采用实时模式和仿真模式,实时模式与实际传输过程一样,仿真模式通过可视化模式显示数据报的传输过程,使用户能对抽象数据的传送具体化。

(二) 软件界面介绍

软件安装好,运行后界面如图 3-3-6 所示。Packet Tracer 非常简明扼要,中间是白色的工作,工作区上方是菜单栏和工具栏,工作区下方是网络设备、计算机、连接栏,工作区右侧选择、册子设备工具栏。

在界面的左下角一块区域,这里有许多种类的硬件设备,从左至右,从上到下依次为路由器、交换机、集线器、无线设备、设备之间的连线(Connections)、终端设备、仿真广域网、Custom Made Devices(自定义设备)。下面着重讲一下"Connections",用鼠标点一

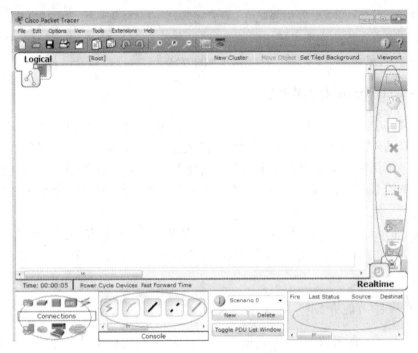

图 3 - 3 - 6　**Packet Tracer 主界面**

下，在右边你会看到各种类型的线，依次为 Automatically Choose Connection Type（自动选线，万能的，一般不建议使用，除非你真的不知道设备之间该用什么线）、控制线、直通线、交叉线、光纤、电话线、同轴电缆、DCE、DTE。其中 DCE 和 DTE 是用于路由器之间的连线，实际操作中，需要把 DCE 和一台路由器相连，DTE 和另一台设备相连。而在这里，只需选一根就是了，若选了 DCE 这一根线，则和这根线先连的路由器为 DCE，配置该路由器时需配置时钟。交叉线只在路由器和电脑直接相连，或交换机和交换机之间相连时才会用到。当需要用哪个设备时，先用鼠标单击一下它，然后在中央的工作区域点一下就 OK 了，或者直接用鼠标摁住这个设备把它拖上去。连线时选中一种线，然后在要连接的线的设备上点一下，选接口，再点另一设备，选接口就可以了。连接好线后，可以把鼠标指针移到该连线上，就会出现两端的接口类型和名称。

注意到软件界面的最右下角有两个切换模式，分别是 Realtime mode（实时模式）和 Simulation mode（模拟模式）。实时模式顾名思义即时模式，也就是说是真实模式。举个例子，两台主机通过直通双绞线连接并将他们设为同一个网段，那么 A 主机 Ping 主机 B 时，瞬间可以完成，对吗？这就是实时模式。而模拟模式呢，切换到模拟模式后主机 A 的 CMD 里将不会立即显示 ICMP 信息，而是软件正在模拟这个瞬间的过程，以动画的方式展现出来。

（三）设备的配置与管理

选好设备，连好线后就可以直接进行配置了，然而有些设备，如某些路由器需添加一些模块才能用。直接点一下设备，就进入了其属性配置界面。以路由器为例，如图 3 - 3 - 7 所示。

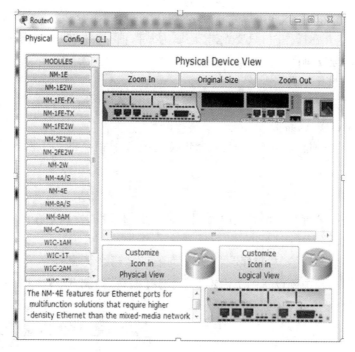

图 3 - 3 - 7　路由器配置界面

Physical 选项卡用于模块的添加,Config 用于对设备的简单图形界面下配置,CLI 用于命令行下对设备的全面配置。

在 Physical 中,MODULES(模块)下有许多模块,最常用的有 WIC - 1T 和 WIC - 2T。在最下面的左边是对该模块的文字描述,最下面的右边是该模块的图。

在模块的右边是该路由器的图,可看它的上面有许多现成的接口,在图的矩形框中,也有许多空槽,在空槽上可添加模块,如 WIC - 1T,WIC - 2T,用鼠标左键按住该模块不放,拖到你想放的插槽中即可添加,注意的是,在添加模块之前,需要先关闭设备的电源。带绿点的那个按钮就是电源开关。路由器默认情况下电源是打开的,用鼠标点一下绿点,就会关闭。添加完设备后,再次点下电源开关,打开设备电源。

**实践操作**

一、交换机的基本配置

(一)交换机的配置方式

1. 几种常用交换机配置方式

(1)使用超级终端

对交换机进行初始化配置或清除交换密码,一般使用超级终端。方法如下:

将交换机的控制口 Console 通过专用电缆(反转线)与计算机的串口相连;运行超级

终端软件,并对超级终端做如下设置:速度 9 600 bps,数据位 8 位,无奇偶校验,停止位 1 位,无流控制功能。在操作时,只要点击"还原为默认值"按钮,即可获得上述数据。最后即可出现交换机配置画面。

(2) 使用 Telnet 工具

使用这一工具的前提必须已经为交换配置了相应的 IP 地址并设置了远程登录口令。

(3) 使用 Web 浏览器

使用这种方法的前提是必须已经给交换机配置了相应的 IP 地址,并且允许通过 Web 进行配置。

2. 超级终端

超级终端是在进行交换机和路由器配置时常用的工具,特别是在进行设备初始化配置和恢复密码时,最为常用。

启动超级终端:"开始"/"程序"/"附件"/"通信"/"超级终端"。

设置超级终端。主要设置两个内容,一是选择端口,如图 3-3-8 所示;二是设置端口速率等,此时只要点击"还原为默认值"按钮即可,如图 3-3-9 所示。

图 3-3-8 选择端口

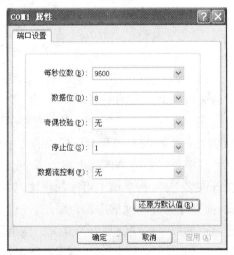

图 3-3-9 端口设置

(二) 交换机的几种配置模式

Cisco IOS 提供了用户 EXEC 模式和特权 EXEC 模式两种基本的命令执行级别,同时还提供了全局配置、接口配置、Line 配置和 VLAN 数据库配置等多种级别的配置模式,以允许用户对交换机的资源进行配置和管理。

1. 用户 EXEC 模式

当用户通过交换机的控制台端口或 Telnet 会话连接并登录到交换机时,此时所处的命令执行模式就是用户 EXEC 模式。在该模式下,只执行有限的一组命令,这些命令通常用于查看显示系统信息、改变终端设置和执行一些最基本的测试命令,如 ping、traceroute 等。

用户 EXEC 模式的命令状态行是：student1＞

其中的 student1 是交换机的主机名，对于未配置的交换机默认的主机名是 Switch。在用户 EXEC 模式下，直接输入"？"并回车，可获得在该模式下允许执行的命令帮助。

2. 特权 EXEC 模式

在用户 EXEC 模式下，执行 enable 命令，将进入到特权 EXEC 模式。在该模式下，用户能够执行 IOS 提供的所有命令。特权 EXEC 模式的命令状态行为：student1♯

Student1＞enable

Password：

Student1♯

在前面的启动配置中，设置了登录特权 EXEC 模式的密码，因此系统提示输入用户密码，密码输入时不回显，输入完毕按回车，密码校验通过后，即进入特权 EXEC 模式。

若进入特权 EXEC 模式的密码未设置或要修改，可在全局配置模式下，利用 enable secret 命令进行设置。

在该模式下键入"？"，可获得允许执行的全部命令的提示。离开特权模式，返回用户模式，可执行 exit 或 disable 命令。

重新启动交换机，可执行 reload 命令。

3. 全局配置模式

在特权模式下，执行 configure terminal 命令，即可进入全局配置模式。在该模式下，只要输入一条有效的配置命令并回车，内存中正在运行的配置就会立即改变生效。该模式下的配置命令的作用域是全局性的，是对整个交换机起作用。

全局配置模式的命令状态行为：

student1(config)♯

student1♯config terminal

student1(config)♯

在全局配置模式，还可进入接口配置、line 配置等子模式。从子模式返回全局配置模式，执行 exit 命令；从全局配置模式返回特权模式，执行 exit 命令；若要退出任何配置模式，直接返回特权模式，则要直接输入 end 命令或按 Ctrl＋Z 组合键。

例如，若要设交换机名称为 student2，则可使用 hostname 命令来设置，其配置命令为：

student1(config)♯hostname　　student2

student2(config)♯

若要设置或修改进入特权 EXEC 模式的密码为 123456，则配置命令为：

student1(config)♯enable secret 123456

或：

student1(config)♯enable password 123456

其中 enable secret 命令设置的密码在配置文件中是加密保存的，强烈推荐采用该方式；而 enable password 命令所设置的密码，在配置文件中是采用明文保存的。

对配置进行修改后,为了使配置在下次掉电重启后仍生效,需要将新的配置保存到 NVRAM 中,其配置命令为:

student1(config)♯exit

student1♯write

4. 接口配置模式

在全局配置模式下,执行 interface 命令,即进入接口配置模式。在该模式下,可对选定的接口(端口)进行配置,并且只能执行配置交换机端口的命令。接口配置模式的命令行提示符为:student1(config-if)♯

例如,若要设置 Cisco Catalyst 2950 交换机的 0 号模块上的第 3 个快速以太网端口的端口通讯速度为 100 M,全双工方式,则配置命令为:

student1(config)♯interface　fastethernet 0/3

student1(config-if)♯speed 100

student1(config-if)♯duplex full

student1(config-if)♯end

student1♯write

5. vlan 数据库配置模式

在特权 EXEC 模式下执行 vlan database 配置命令,即可进入 VLAN 数据库配置模式,此时的命令行提示符为:student1(vlan)♯

在该模式下,可实现对 VLAN(虚拟局域网)的创建、修改或删除等配置操作。退出 vlan 配置模式,返回到特权 EXEC 模式,可执行 exit 命令。

(三)交换机常用配置命令

1. 设置主机名

设置交换机的主机名可在全局配置模式,通过 hostname 配置命令来实现,其用法为:

hostname 自定义名称

默认情况下,交换机的主机名默认为 Switch。当网络中使用了多个交换机时,为了以示区别,通常应根据交换机的应用场地,为其设置一个具体的主机名。

例如,若要将交换机的主机名设置为 student1－1,则设置命令为:

student1(config)♯hostname student1－1

student1－1(config)♯

2. 配置管理 IP 地址

在 2 层交换机中,IP 地址仅用于远程登录管理交换机,对于交换机的正常运行不是必需的。若没有配置管理 IP 地址,则交换机只能采用控制端口进行本地配置和管理。

默认情况下,交换机的所有端口均属于 VLAN 1,VLAN 1 是交换机自动创建和管理的。每个 VLAN 只有一个活动的管理地址,因此,对 2 层交换机设置管理地址之前,首先应选择 VLAN 1 接口,然后再利用 ip address 配置命令设置管理 IP 地址,其配置命令为:

interface vlan *vlan-id*

ip address *address netmask*

参数说明：

vlan-id 代表要选择配置的 VLAN 号。

address 为要设置的管理 IP 地址，*netmask* 为子网掩码。

Interface vlan 配置命令用于访问指定的 VLAN 接口。2 层交换机，如 2900/3500XL、2950 等没有 3 层交换功能，运行的是 2 层 IOS，VLAN 间无法实现相互通讯，VLAN 接口仅作为管理接口。

若要取消管理 IP 地址，可执行 no ip address 配置命令。

3. 配置默认网关

为了使交换机能与其他网络通信，需要给交换机设置默认网关。网关地址通常是某个 3 层接口的 IP 地址，该接口充当路由器的功能。

设置默认网关的配置命令为：

ip default-gateway *gatewayaddress*

在实际应用中，2 层交换机的默认网关通常设置为交换机所在 VLAN 的网关地址。假设 student1 交换机为 192.168.168.0/24 网段的用户提供接入服务，该网段的网关地址为 192.168.168.1，则设置交换机的默认网关地址的配置命令为：

student1(config)♯ip default-gateway 192.168.168.1

student1(config)♯exit

student1♯write

对交换机进行配置修改后，别忘了在特权模式执行 write 或 copy run start 命令，对配置进行保存。若要查看默认网关，可执行 show ip route default 命令。

4. 设置 DNS 服务器

为了使交换机能解析域名，需要为交换机指定 DNS 服务器。

(1) 启用与禁用 DNS 服务

启用 DNS 服务，配置命令：ip domain-lookup

禁用 DNS 服务，配置命令：no ip domain-lookup

默认情况下，交换机启用了 DNS 服务，但没有指定 DNS 服务器的地址。启用 DNS 服务并指定 DNS 服务器地址后，在对交换机进行配置时，对于输入错误的配置命令，交换机会试着进行域名解析，这会影响配置，因此，在实际应用中，通常禁用 DNS 服务。

(2) 指定 DNS 服务器地址。配置命令：

ip name-server *serveraddress*1 [*serveraddress*2…*serveraddress*6]

交换机最多可指定 6 个 DNS 服务器的地址，各地址间用空格分隔，排在最前面的为首选 DNS 服务器。

例如，若要将交换机的 DNS 服务器的地址设置为 61.128.128.68 和 61.128.192.68，则配置命令为：

student1(config)♯ip name-server 61.128.128.68 61.128.192.68

5. 启用与禁用 HTTP 服务

对于运行 IOS 操作系统的交换机,启用 HTTP 服务后,还可利用 Web 界面来管理交换机。在浏览器中键入【http://交换机管理 IP 地址】,此时将弹出用户认证对话框,用户名可不指定,然后在密码输入框中输入进入特权模式的密码,之后就可进行交换机的管理页面。

交换机的 Web 配置界面功能较弱且安全性较差,在实际应用中,主要还是采用命令行来配置。交换机默认启用了 HTTP 服务,因此在配置时,应注意禁用该服务。

启用 HTTP 服务,配置命令:ip http server

禁用 HTTP 服务,配置命令:no ip http server

6. 查看交换机信息

对交换机信息的查看,使用 show 命令来实现。

(1) 查看 IOS 版本

查看命令:show version

(2) 查看配置信息

要查看交换机的配置信息,需要在特权模式运行 show 命令,其查看命令为:

show running-config　　　显示当前正在运行的配置

show startup-config　　　显示保存在 NVRAM 中的启动配置

例如,若要查看当前交换机正在运行的配置信息,则查看命令为:

student1♯show run

(3) 查看交换机的 MAC 地址表

配置命令:show mac-address-table [dynamic|static] [vlan vlan-id]

该命令用于显示交换机的 MAC 地址表,若指定 dynamic,则显示动态学习到的 MAC 地址,若指定 static,则显示静态指定的 MAC 地址表,若未指定,则显示全部。

若要显示交换表中的所有 MAC 地址,即动态学习到的和静态指定的,则查看命令为:

show mac-address-table

7. 选择多个端口

对于 Cisco 2900、Cisco2950 和 Cisco 3550 交换机,支持使用 range 关键字,来指定一个端口范围,从而实现选择多个端口,并对这些端口进行统一的配置。

同时选择多个交换机端口的配置命令为:interface range *typemod/startport - endport*

startport 代表要选择的起始端口号,endport 代表结尾的端口号,用于代表起始端口范围的连字符"－"的两端,应注意留一个空格,否则命令将无法识别。

例如,若要选择交换机的第 1 至第 24 口的快速以太网端口,则配置命令为:

student1♯config t

student1(config)♯interface range fa0/1 - 24

二、VLAN 配置

每个机房 2 台交换机采用级联方式,50 台学生机分别连接交换机 1 的 1～40 端口和交换机 2 的 1～30 端口,6 台教师机连接到交换机 2 的 31～40 端口。50 台教师机之间可以直接相互通信,6 台教师机之间可以直接相互通信,学生机和教师机之间的流量相互不渗透,即使它们位于同一物理网段中。

根据上述分析,每个机房 2 台交换机采用级联方式,50 台学生机分别连接交换机 1 的 1~40 端口和交换机 2 的 1~30 端口,6 台教师机连接到交换机 2 的 31~40 端口。50 台教师机之间可以直接相互通信,6 台教师机之间可以直接相互通信,学生机和教师机之间的流量相互不渗透,即使它们位于同一物理网段中。拓扑结构图如图 3-3-10 所示。

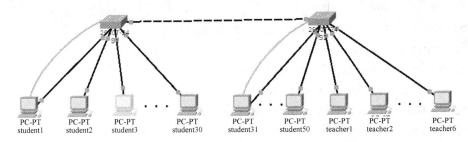

图 3-3-10　机房拓扑结构图

交换机 1 配置如下:

Switch>enable

Switch♯vlan database　　//进入 VLAN 配置模式

Switch(vlan)♯vtp domain jszx　　//配置 VTP 的域名为 jszx

Switch(vlan)♯vtp server　　//配置 VTP 模式为服务器模式

Switch(vlan)♯vlan 10 name jifang1_student　//创建 VLAN 10,并命名为 jifang1_studeng

Switch(vlan)♯vlan 20 name jifang1_teacher

Switch(vlan)♯exit

Switch♯conf t

Switch(config)♯hostname S1　　//设置交换机名称为 S1

S1(config)♯interface vlan 10

S1(config-if)♯ip address 192.168.1.1 255.255.255.0　　//设置 VLAN 10 的管理 IP 地址

S1(config-if)♯ no shut

S1(config-if)♯interface range f0/2—42

S1(config-if-range)♯switchport mode access　　//设置端口为接入链路模式

S1(config-if-range)♯switchport access　vlan 10　　//将端口 f0/2—42 指派给 VLAN 10

S1(config-if-range)♯exit

S1(config)♯

S1(config-if)♯inte f0/1　　//进入端口配置模式,指定端口为 f0/1

S1(config-if)♯switchport mode trunk　　//设置当前端口为 trunk 模式

交换机 2 配置如下:

Switch>enable

Switch♯vlan database

Switch(vlan)♯vtp domain jszx

Switch(vlan)♯vtp client

Switch(vlan)♯exit

Switch♯conf t

Switch(config)♯hostname S2

S2(config)♯

S2(config)♯interface vlan 1

S2(config-if)♯ip addr 192.168.1.2 255.255.255.0

S2(config-if)♯ no shut

S2(config-if)♯interface range f0/2—30

S2(config-if-range)♯switchport mode access

S2(config-if-range)♯switchport access   vlan 10

S2(config-if-range)♯exit

S2(config)♯

S2(config-if-range)♯inte range f0/31—48

S2(config-if)♯switchport mode access

S2(config-if)♯switchport access vlan 20

S2(config-if)♯inte f0/1

S2(config-if)♯switchport mode trunk

计算机设置如下：

机房中的学生机，以及连接在交换机 2 上的教师机的 IP 地址设置如图 3 - 3 - 11
所示。

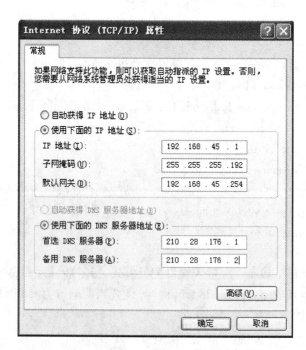

图 3 - 3 - 11　计算机 IP 地址配置

 任务评估

自我小结			
软件使用情况	□☺	□😐	□☹
要点掌握情况	□☺	□😐	□☹
知识拓展情况	□☺	□😐	□☹
我的收获			
存在问题			
解决方法			

专题小结

本专题主要内容包括:① 校园网络规划,包括 IP 地址的格式、分类,子网划分和子网掩码,动态 IP 地址分配。② 直通式双绞线和交叉式双绞线的制作和测试,掌握测线器的使用。③ 交换机的组成、分类、地址、性能指标,交换机的工作原理,交换机的级联和堆叠,交换机 VLAN 技术。④ 交换机的简单配置,VLAN 配置。

专题四　提供网络服务

计算机工程系的校园网络已经搭建成功。为了充分利用网络资源，老师将带着李明同学一起进行基本的网络服务配置，为老师和同学们提供网络服务。

任务一　设置共享打印机

 **任务描述**

计算机工程系软件教研组办公室新购置了一台打印机，李明应老师们的要求将这台打印机配置成网络打印机供办公室里所有老师打印使用。

 **任务目标**

◇ 了解网络打印机的权限；
◇ 了解网络打印机的类型；
◇ 掌握安装、配置网络打印机的方法。

 **预备知识**

对一个网络而言，为每一个用户配备一台打印机的成本过于昂贵，我们只要在网络中设置打印服务器就能解决使用问题。不论是直接连接到服务器上的打印机还是从其他位置接入网络的打印机，都可以通过打印服务器进行统一管理，并为所有用户或指定用户完成打印任务。这样不仅可以节约打印机的费用，还可以有效地控制打印成本。

一、打印机的权限

打印服务是局域网操作系统中最基本的网络服务。共享的打印机通常称为网络打印机。用户可以将本地计算机上的打印机设置为共享，提供给具有使用权限的网络用户使用，也可以通过安装网络打印机来使用其他计算机上共享的打印机。在局域网中可以设置一台或多台网络打印机，不仅服务器上的打印机可设置成网络打印机，客户机上连接的打印机也可以设置成网络打印机。

为了实现打印机的安全管理，可以为每台打印机设置用户访问权限。打印机有三种权限："打印"权限、"管理文档"权限、"管理打印机"权限。它们分别拥有的权限范围如表4-1-1所示。

表 4-1-1 打印机的权限

打印权限	打 印	管理文档	管理打印机
打印文档	√	√	√
暂停、继续、重新启动以及取消用户自己的文档	√	√	√
连接到打印机	√	√	√
控制所有文档的打印作业设置		√	√
暂停、重新启动以及删除全部文档		√	√
共享打印机			√
更改打印机属性			√
删除打印机			√
更改打印机权限			√

在默认情况下,所有的网络用户都拥有"打印"权限。文档的所有者拥有"管理文档"的权限。服务器的管理员、域控制器上的打印操作员以及服务器操作员均拥有"管理打印机"的权限。而只有拥有"管理打印机"的权限才可以更改打印机设置。

二、网络打印机类型

实现网络打印主要有两种方式。一种是外置打印服务器＋网络打印机方式,称之为外置式,如图 4-1-1 所示。另一种是自带内置打印服务器的网络打印机,称之为内置式,如图 4-1-2 所示。它们的区别在于与网络相连的方式不同。外置式的是通过外置打印服务器来转换从网络上传来的打印任务,然后还是通过打印机并行接口(或其他接口)送到打印机上。而内置式的网络打印机具有网络接口可直接与网络相连,打印任务直接从网络上接受下来,通过网线直接送到打印机上。这两种不同的连接方式决定了两种网络打印机的性能高低。外置式的由于是通过并行接口与网络通信,所以它的打印速度受并行接口传输速度的限制,不可能太快,但这种网络打印方案实现起来比较容易,价格较便宜。内置式的网络打印机直接接入网络,它已不再是 PC 机的一个外设,而是一个独立的网络节点,因此数据传输速度大大快于并行接口,随着网络速度的提高,它的传输速度还可能更高。

图 4-1-1 外置式打印机

图 4-1-2 内置式打印机

实践操作

一、网络打印机安装

在 Windows 操作系统(以 Windows 7 为例)的网络中,客户端要共享打印,必须在客户端安装网络打印机。操作方法如下:

步骤 1:选择"开始"命令,在弹出的"设备与打印机"窗口,单击"添加打印机"图标,启动添加打印机向导,如图 4-1-3 所示。

图 4-1-3　选择打印机类型　　　　　　图 4-1-4　搜索打印机

步骤 2:在"添加打印机"类型对话框中选择"添加网络、无线或 Bluetooth 打印机"选项,单击"下一步",如图 4-1-4 所示。

步骤 3:在"正在搜索可用的打印机"界面的"打印机名称"列表中选择搜索到的打印机。单击"下一步"按钮,如图 4-1-5 所示。

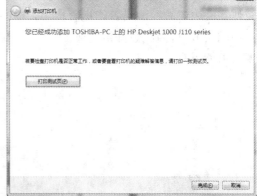

图 4-1-5　添加打印机名称　　　　　　图 4-1-6　成功添加打印机

步骤 4:在"已成功添加打印机"界面,单击"下一步"按钮。出现"成功添加打印机"界面,如图 4-1-6 所示,单击"完成"按钮。

步骤5:返回"设备与打印机"窗口,即可看到网络打印机已成功添加并被设为默认打印机,如图4-1-7所示。

图4-1-7　设备与打印机窗口

图4-1-8　设置打印机属性

二、网络打印机配置

管理员可以从网络中任一台安装Windows的计算机上管理网络打印机,也可以用Web的方式管理。但是只有拥有"管理打印机"的权限才可以更改打印机设置。

如果要更改特定组或用户的打印机权限设置,可进行如下操作:

步骤1:右击要设置权限的打印机,在弹出的快捷菜单中选择"属性"命令,弹出打印机的属性对话框,如图4-1-8所示。

步骤2:选择"安全"选项卡,单击要更改或删除权限的组或用户的名称,然后在"权限"列表框中设置每个用户对应允许或拒绝的权限。

 任务评估

自我小结			
软件使用情况	□☺	□☺	□☹
要点掌握情况	□☺	□☺	□☹
知识拓展情况	□☺	□☺	□☹
我的收获			

（续表）

存在问题	
解决方法	

任务二　配置与使用 FTP 服务器

 **任务描述**

　　为了方便老师和同学们共享教学资源，李明打算配置一台 FTP 文件服务器。他事先在共享目录中创建了两个文件夹"作业提交"和"公共资源"，并将老师提供的教学资料放在"公共资源"文件夹中。同学们只要登录该 FTP 服务器即可共享教学资源或上传电子作业。

 **任务目标**

　　◇ 了解 FTP 的功能；
　　◇ 了解 FTP 的访问方法；
　　◇ 掌握安装、配置 FTP 服务器的方法；
　　◇ 熟练掌握 FTP 客户端工具访问 FTP 服务器的方法。

 **预备知识**

一、FTP 服务的架构与功能

　　FTP(File Transfer Protocol，文件传输协议)是用于在 TCP/IP 网络中的计算机之间传输文件的协议。我们可以在服务器中存放大量的共享软件和免费资源，网络用户可以从服务器中下载文件，或者将客户机上的资源上传至服务器。FTP 服务使用客户机/服务器模式，客户程序把客户的请求告诉服务器，并将服务器发回的结果显示出来，其工作过程如图 4-2-1 所示。如果用户要将一个文件从自己的计算机发送到 FTP 服务器上，就称为上传。而更多的情况是用户从服务器上把文件或资源传送到客户机上，这个过程称为下载。

图 4-2-1 FTP 工作过程

二、FTP 服务的访问方法

登录 FTP 服务器的方式可以分为两种类型：匿名登录和用户登录。如果采用匿名登录方式，用户可以通过用户名"anonymous"以电子邮件地址作为密码。对于这种密码，FTP 服务器并不进行检查，只是为了显示方便才进行这样的设置。允许匿名登录的 FTP 服务器使得任何用户都能获得访问能力，并获取必要的资料，如果不允许匿名访问，则必须提供合法的用户名和密码才能连接到 FTP 站点，这种登录方式可以让管理员有效控制连接到 FTP 服务器的用户身份，是较为安全的登录方式。

三、FTP 服务器端常用软件

我们除了可以利用 Windows server 自带的 IIS（信息服务器）来配置 FTP 服务器，还可以采用专门的 FTP 服务器端软件 Serv-U 来进行服务器的配置。Serv-U 是当前众多的 FTP 服务器软件之一。通过使用 Serv-U，用户能够将任何一台 PC 机设置成一个 FTP 服务器。这样，用户或其他使用者就能够使用 FTP 协议，通过在同一网络上的任何一台 PC 机与 FTP 服务器连接，进行文件或目录的复制、移动、创建和删除等。采用 FTP 协议，人们能够通过不同类型的计算机，使用不同类型的操作系统，对不同类型的文件进行相互传递。

四、FTP 客户端常用软件

用户可以直接使用 IE 浏览器去搜索所需要的信息，然后利用浏览器所支持的 FTP 功能下载文件。但是，通过 IE 浏览器启动 FTP 的方法尽管可以使用，但是速度较慢，还会将密码暴露在 IE 浏览器中，很不安全。因此一般都安装并运行专门的 FTP 客户程序，如 CuteFTP。它是 FTP 工具之一，与 LeapFTP 与 FlashFXP 并称 FTP"三剑客"。CuteFTP 传输速度比较快，而且速度稳定，能够连接绝大多数的 FTP 站点。CuteFTP 虽然相对来说比较庞大，但其自带了许多免费的 FTP 站点，资源非常丰富。

实践操作

一、使用 Windows Server IIS 配置 FTP 服务器

（一）安装 FTP 服务器

FTP 服务组件是 Windows Server 2003 系统中集成的网络服务组件之一，默认情况下没有被安装。在 2003 系统中安装 FTP 服务组件的步骤如下：

步骤 1：选择"开始"→"控制面板"→"添加/删除程序"命令，在"Windows 组件向导"对话框中选中"应用程序服务器"复选框，如图 4-2-2 所示。

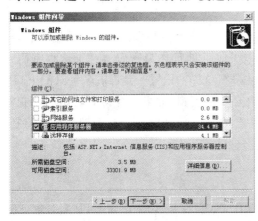

图 4-2-2　Windows 组件向导　　　　图 4-2-3　应用程序服务器

步骤 2：单击"详细信息"按钮，打开"应用程序服务器"对话框，如图 4-2-3 所示。

步骤 3：在该对话框内选中"信息服务（IIS）"复选框，然后单击"详细信息"选项，如图 4-2-4 所示。在列表框中选择"文件传输协议（FTP）服务"复选框，然后单击"确定"按钮。

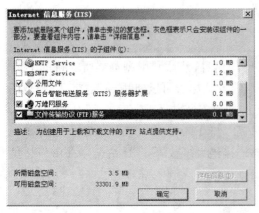

图 4-2-4　IIS 组件添加　　　　　　图 4-2-5　打开 IIS

（二）配置 FTP 服务器

在 Windows Server 2003 系统中安装 FTP 服务器组件以后，用户只需进行简单的设置即可配置一台常规的 FTP 服务器，操作步骤如下：

步骤 1：在"开始"菜单中依次单击"管理工具"菜单项，打开"信息服务管理器"窗口，如图 4-2-5 所示。在左窗格中右键单击"默认 FTP 站点"选项，并选择"属性"命令。

步骤 2：打开"默认 FTP 站点"属性对话框，在"对话站点"选项卡中可以设置关于 FTP 站点的参数。如将 IP 地址设置为 192.168.46.100，默认的 FTP 端口号为 21，如图 4-2-6 所示。

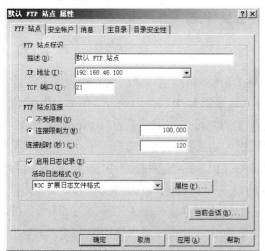

图 4-2-6　FTP 站点属性

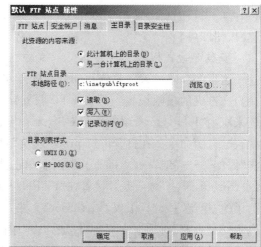

图 4-2-7　主目录选项卡

步骤 3：单击并打开"主目录"选项卡，设置 FTP 站点的主目录路径为"c:\inetpub\ftproot"，如图 4-2-7 所示。事先我们已在 ftproot 目录中创建了两个子文件夹"作业提交"和"公共资源"。选中"读取""写入""记录访问"三个复选框，单击"确定"完成 FTP 服务器的配置。此时，就可以匿名访问 FTP 服务器，用户既可以从 FTP 主目录中下载文档，也可向其上传文档。

我们还可以根据实际情况，添加具有不同访问权限的用户。比如，我们添加一个教师用户和一个学生用户，教师对"作业提交"和"公共资源"两个文件夹均具有"读取"和"写入"的权限；而学生对"作业提交"文件夹只有"写入"的权限，而对"公共资源"文件夹只有"读取"的权限。操作步骤如下：

步骤 1：创建新用户。

在桌面上右击"我的电脑"，执行"管理"命令，在"计算机管理"窗口的左窗格中依次展开"系统工具"→"本地用户和组"目录，单击选中"用户"选项。在右侧窗格中单击右键，执行"新用户"命令。在打开的"新用户"对话框中填写用户名（如 teacher），并设定密码。然后取消"用户下次登录时需更改密码"复选框，并勾选"用户不能更改密码"和"密码永不过期"复选框，单击"创建"按钮完成该用户的添加。重复这一过程添加其他用户，最后单击"关闭"按钮即可。

步骤2：创建一个工作组。

为方便对这些用户的管理，最好将他们放入一个专门的组中。例如我们可以创建一个"FTPUsers"组：在"计算机管理"窗口的目录树中单击选中"组"选项，然后在右侧窗格中单击右键，执行"新建组"命令，并将该组命名为"FTPUsers"。接着依次单击"添加"→"高级"→"立即查找"按钮，将刚才创建的用户全部添加进来，最后依次单击"创建"→"结束"按钮。

步骤3：从"Users"工作组删除用户。

因为上述创建的用户默认隶属于"Users"组，也就是说他们拥有对大部分资源的浏览权限。为了实现对特定资源的有效管理，需要将这些用户从"Users"组中删除。在"计算机管理"窗口的右侧窗格中双击"Users"选项，用鼠标拖选所有刚添加的用户并单击"删除"按钮即可。

步骤4：设置权限。

这里的权限设置需要分两部分来进行，即对FTP服务器主目录的权限设置和对各个用户文件夹的权限设置。假设FTP服务器的主目录路径为"c:\inetpub\ftproot"，我们先来取消"FTPUsers"组的用户对"ftproot"文件夹的"写入"权限。右击"ftproot"文件夹，执行"属性"命令。在打开的"ftproot属性"对话框中切换至"安全"选项卡下，然后依次单击"添加"→"高级"→"立即查找"按钮，单击选中"FTPUsers"组并依次单击"确定"按钮回到"ftproot属性"对话框。接着在"FTPUsers的权限"列表框中勾选"拒绝写入"复选框。为了使"拒绝写入"权限仅对"ftproot"文件夹有效，还需要单击"高级"按钮，在"ftproot的高级安全设置"对话框中双击"权限列表"中的"拒绝FTPUsers写入"选项，打开"ftproot的权限设置"对话框。在"应用到"下拉列表中选中"只有该文件夹"选项，连续单击"确定"按钮完成设置。

接着我们为每个用户所访问的文件夹赋予相应的权限。以文件夹"作业提交"为例，在"作业提交"文件夹的"属性"对话框的"安全"选项卡下将用户"teacher"添加进来，并赋予其读取和写入的权限。同理，对于其他文件夹，也只赋予相应用户读取或写入的权限。

至此，就完成了FTP服务器的简单配置。下面我们就来介绍如何访问FTP服务器。

二、使用资源管理器访问FTP服务器

打开"资源管理器"，在其地址栏内输入：ftp://192.168.46.100，确定后如图4-2-8所示。在FTP文件件夹内，对文件的下载、上传等操作与在本机对"资源管理器"的操作相同。

三、使用浏览器访问FTP服务器

在客户机启用IE浏览器，并在"地址"栏中输入ftp://192.168.46.100，确定后如图4-2-9所示。窗口中显示了可访问的资源信息，我们可以在FTP的文件夹内，完成上传或下载等操作。

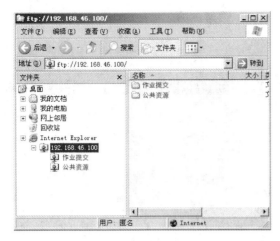

图 4-2-8　资源管理器访问 FTP 服务器

图 4-2-9　浏览器访问 FTP 服务器

四、使用 Serv-U 配置 FTP 服务器

（一）新建域

运行 Serv-U 软件后，界面如图 4-2-10 所示。

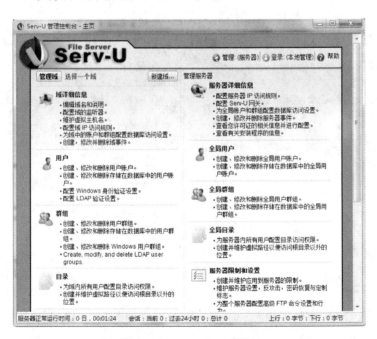

图 4-2-10　Serv-U 主界面

步骤 1：单击新建域，开始域的创建。输入域名，备注可不填，并启用域，如图 4-2-11 所示。

图 4-2-11　新建域

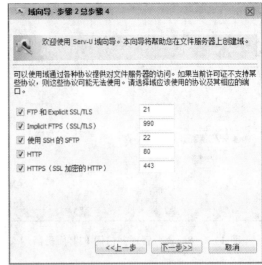

图 4-2-12　选择协议和端口

步骤 2:单击"下一步",进入步骤 2,如图 4-2-12 所示。这里的参数可以保持默认值,FTP 的端口默认为 21,也可以改为其他不冲突的端口。

步骤 3:单击"下一步",进入步骤 3,如图 4-2-13 所示。这里的 IP 地址就是作为 FTP 服务器的主机的 IP 地址,如选择 192.168.46.139。

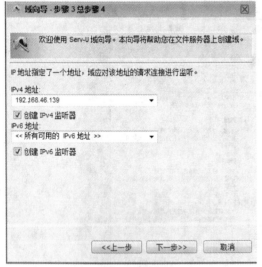

图 4-2-13　指定 IP 地址

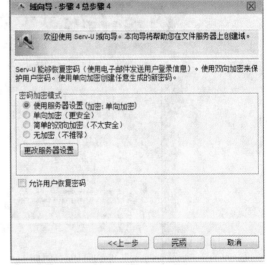

图 4-2-14　选择加密模式

步骤 4:单击"下一步",进入步骤 4,如图 4-2-14 所示。"密码加密模式"选择第一项,单击"完成"即可完成域的创建。

（二）新建用户

完成域的创建后,想要去访问 FTP 服务器还需要创建用户,可以在此处创建,也可以在起始界面上选择"用户"来创建。为了方便维护和管理,此时可以使用"向导"创建用户。

当我们确定创建用户后,出现如图 4－2－15 所示的界面。根据"向导"提示就可以完成用户的创建。操作步骤如下:

步骤 1:在图 4－2－15 中输入登录 ID,即用户名。登录 ID 是 FTP 访问者所持有的,域管理员可以修改。

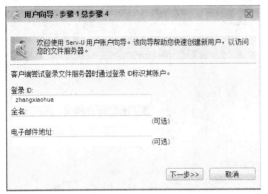

图 4－2－15 输入用户名

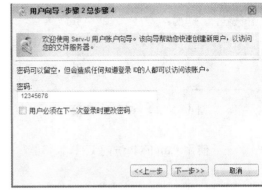

图 4－2－16 设置密码

步骤 2:单击"下一步",进入步骤 2,如图 4－2－16 所示。默认密码为一串随机密码,我们可以自行设置便于记忆的密码。但在实际应用中,应采用安全性高的账号和密码。

步骤 3:单击"下一步",进入步骤 3,如图 4－2－17 所示。选择根目录,也就是用户登录以后停留的目录位置。事先我们已在 D 盘根目录下建立了"根目录文件夹"这个目录(包含两个子目录),如图 4－2－18 所示。建议选中复选框"锁定用户至根目录",如图 4－2－19 所示,这样可以防止用户非法进入根目录的上级目录,提高数据安全性。

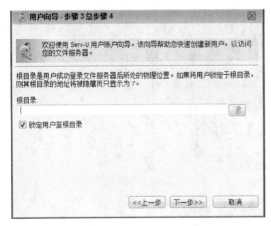

图 4－2－17 选择物理目录

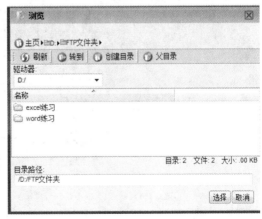

图 4－2－18 选择访问目录

步骤 4:选择好目录后,单击"下一步",进入步骤 4,如图 4－2－20 所示。这里是对用户的访问权限的设定,有"只读"和"完全访问"两种。设为"只读"时用户不能修改目录下的文件信息,只能以读的方式访问。如果允许用户下载、上传或修改目录下的文件,就要将他的权限设置为"完全访问"。单击"完成"完成用户的创建。

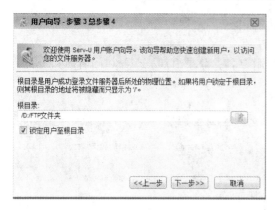

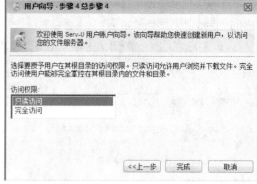

图 4-2-19 锁定至根目录　　　　　　图 4-2-20 访问权限设置

五、使用 CuteFTP 访问 FTP 服务器

（一）站点设置

要使用 CuteFTP 工具来上传（下载）文件，首先必须要设定好 FTP 服务器的网址（IP 地址）、授权访问的用户名及密码。

在 CuteFTP 主窗口中单击"文件"→"新建"→"站点"，打开"对象站点属性"对话框，如图 4-2-21 所示。在"一般"选项卡的"标签"对话框中输入"江苏职业学校"，该标签是对站点名称的一个说明。然后分别输入主机地址 192.168.46.139，用户名和密码。如果不知道用户名和密码，可以询问提供 FTP 服务的运营商或管理员。登录方法选择"普通"，最后单击"确定"，完成 FTP 站点设置。

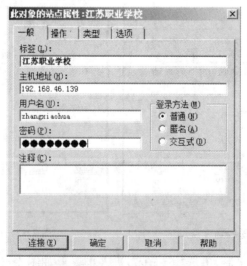

图 4-2-21 对象站点属性

（二）站点连接

FTP 站点设置完成后，在 CuteFTP 主窗口中间左侧的"本地目录"及"站点管理器"

窗口的"站点管理器"中出现了我们刚刚设置的 FTP 站点"江苏职业学校",如图 4-2-22 所示。此时只要双击"江苏职业学校"即可进行连接(或者单击工具栏上的连接图标)。

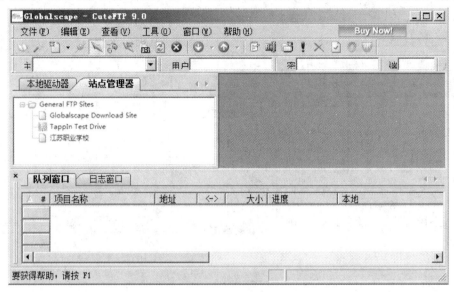

图 4-2-22　CuteFTP 主窗口

(三)上传(下载)文件

连接上 FTP 服务器后,窗口显示如图 4-2-23 所示。窗口中间右侧为远程目录窗口,显示 FTP 服务器上可共享的文件夹和文件。此时只要选中所需的文件,拖动到左侧"本地驱动器"指定的位置,即可完成下载。图 4-2-24 显示了将"练习"目录中的文档"练习 5.docx"下载到桌面后的界面。

图 4-2-23　连上 FTP 服务器的主窗口

图 4 - 2 - 24　完成下载后界面

若要上传,只要在"本地驱动器"中选定并拖动要上传的文件至右侧的远程目录窗口,即可完成上传任务。图 4 - 2 - 25 所示为将 D:\样本\小鸭.tif 这个图形文件上传后的界面。

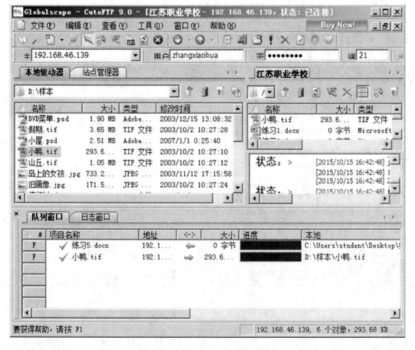

图 4 - 2 - 25　完成上传后界面

任务评估

自我小结			
软件使用情况	□☺	□😐	□☹
要点掌握情况	□☺	□😐	□☹
知识拓展情况	□☺	□😐	□☹
我的收获			
存在问题			
解决方法			

任务三　配置与使用 WWW 服务器

任务描述

　　为了适应学校发展的需要,各个部门都需要发布自己的相关信息,所以迫切需要创建校园网站。老师和李明决定配置一个 WWW 服务器,为所有部门发布网页。老师决定将 IP 地址为 192.168.46.100 的主机设为 WWW 服务器,并请了高年级网络技术专业的同学设计制作了学校的主页。

任务目标

◇ 了解超文本与超媒体的概念；

◇ 了解 HTML、HTTP、URL 等相关知识；

◇ 了解 WWW 的工作原理；

◇ 掌握配置、访问 WWW 服务器的方法；

◇ 了解浏览器的安全设置。

预备知识

WWW（World Wide Web，万维网）是一种交互式图形界面的 Internet 服务，简称 Web 或 3W。1991 年 WWW 首次在 Internet 上出现即引起人们的强烈反响，并迅速获得推广应用。WWW 具有强大的信息连接功能，目前已经成为 Internet 上最受欢迎的应用之一，同时，它的出现也极大地推动了 Internet 的发展。

一、超文本与超媒体

要想了解 WWW，首先要了解超文本（Hypertext）与超媒体（Hypermedia）的基本概念，它们是 WWW 的信息组织方式。

所谓超文本是文本与检索项共存的一种文件表示形式，即在超文本中已实现了相关信息的链接。超文本具有的链接能力可层层连接相关文件，所以把这种具有超级链接能力的操作称为超链接（Hyperlink）。所谓超链接就是一个多媒体文档中存在着指向相关文档的指针，通常是一些特殊的文字或图片、图形等，用鼠标单击这些文字和图形时，会从一个文本跳到另一个文本。这种具有超链接功能的多媒体文档被称为"超媒体"。

二、什么是 WWW

WWW 是以超文本标注语言（HTML）与超文本传输协议（HTTP）为基础，能够提供面向 Internet 服务的、一致的用户界面的信息浏览系统。其中 WWW 服务器采用超文本链路来链接信息页面，这些信息页面既可以放置在同一个主机上，也可以放置在不同地理位置的主机上。文本链路由统一资源定位器（URL）维持，WWW 客户端软件（即 WWW 浏览器）负责信息显示与向服务器发送请求。

三、超文本标记语言 HTML 与超文本传输协议 HTTP

超文本标记语言（HTML）是一种用来定义信息表现方式的格式化语言，它告诉 WWW 浏览器如何显示信息，如何进行链接。因此，一份文件如果想通过 WWW 主机来显示，就必须要求它符合 HTML 的标准。使用 HTML 语言开发的 HTML 超文本文件一般具有 .htm 或 .html 的后缀。万维网上的一个超文本文档称之为一个页面。作为一个组织或者个人在万维网上放置开始点的页面称为主页（Homepage）或首页，主页中通常包括有指向其他相关页面或其他节点的超级链接。

HTML 语言具有通用性、简易性、可扩展性、平台无关性等特点,并且支持用不同方式创建 HTML 文档。

超文本传输协议(HTTP)是 WWW 客户机与 WWW 服务器之间的应用层传输协议,即浏览器访问 Web 服务器上超文本信息所使用的协议。它不仅保证计算机正确快速地传输超文本文档,还能确定传输文档中的哪一部分,以及哪部分内容首先显示等。

四、Web 服务器与浏览器

Web 服务器一般是指网站服务器,可以向浏览器等 Web 客户端提供文档,还可以放置数据文件,供用户下载。Web 服务器不仅能够存储信息,还能在用户通过 Web 浏览器提供信息的基础上运行脚本和程序。用于执行这些功能的程序或脚本称为网关脚本/程序,或称为 CGI(通用网关界面)脚本。在 Web 上的大多数表单和搜索引擎上都使用了该技术。

WWW 浏览器(Browser)是访问 Web 的客户端软件,它是一个交互程序,允许用户从 WWW 上查看信息。浏览器把在互联网上找到的文本文档(和其他类型的文件)翻译成网页。浏览器是 Internet 用户与 Web 服务器进行通讯的软件,也是展示 Internet 丰富多彩的内容的窗口。比较典型的浏览器软件有 Netscape 的 Navigator、NCSA 的 Mosaic、Microsoft 的 Explorer 等。

WWW 采用浏览器/服务器的(B/S)工作模式。B/S(Browser/Server)模式是一种特殊的 C/S(Client/Server,客户机/服务器)结构,它简化了客户机的管理和使用,方便了用户。以浏览器为客户端,客户端不再需要编程,将系统的功能完全封装在服务器上,大大减轻了软件的开发及维护费用,减少了由于系统升级而带来的客户端更新代价,解决了 C/S 模式发展的一大障碍。Web 服务器的任务是等待客户机的连接,听取客户机的请求并为这些请求提供服务。图4-3-1描述了 Web 浏览器从 Web 服务器获得 Web 文档的过程。

图 4 - 3 - 1　WWW 工作模式

五、统一资源定位符

URL(Uniform Resource Locator,统一资源定位器)是 Web 的基本工具之一,是 HTML 文件地址命名的方法。URL 是 WWW 网页的地址。Web 上每个文档都有一个唯一的 URL。浏览网页时,只需在浏览器的地址栏输入 URL 地址,就可以找到相应的网页。标准的 URL 地址的格式为:

协议://服务器主机名(域名或 IP 地址)[:端口号] / 目录名 / 文件名

(1) 协议　又称为信息服务类型,是客户端浏览器访问各种服务器资源的方法,它定义了浏览器与被访问的主机之间使用何种方式检索或传输信息。URL 中的协议有很多种,常见的有 HTTP、FTP、Telnet、Gopher、News 等。

(2) 端口号　可以缺省,缺省时使用默认的端口号,否则,要在此处指明它。两个计算机中的进程要互相通信,不仅必须知道对方的 IP 地址(为了找到对方的计算机),而且还要知道对方的端口号(为了找到对方计算机中的应用进程)。这和我们寄信的过程类似。当我们要给某人写信时,就必须知道他的通信地址。在信封上还要写明自己的地址,当收信人回信时,很容易在信封上找到发信人的地址。因特网上的计算机通信是采用客户/服务器方式。客户在发起通信请求时,必须先知道对方服务器的 IP 地址和端口号。端口号用 16 位二进制来表示。

端口号可分为下面的两大类。

一类是服务器使用的端口号。它又可分为两类,最重要的一类叫作熟知端口号(Well-know Por Number)或系统端口号,数值为 0~1 023。这些数值可在网址 www.iana.org 查到。表 4-3-1 给出了一些常用的熟知端口。另一类叫作登记端口号,数值为 1 024,这类端口号是为没有熟知端口号的应用程序使用的。使用这类端口号必须在专门的机构按照规定的手续登记,以防止重复。

表 4-3-1　常用的熟知端口号

应用程序	FTP	TELNET	SMTP	DNS	TFTP	HTTP	SNMP	SNMP(trap)
熟知端口号	21	23	25	53	69	80	161	162

另一类是客户端使用的端口号。数值为 49 152,由于这类端口号仅在客户进程运行时才动态选择,因此又叫作短暂端口号。这类端口号是留给客户进程选择暂时使用。当服务器进程收到客户进程的报文时,就知道了客户进程所使用的端口号,因而可以把数据发送给客户进程。通信结束后,刚才已使用过的客户端口号就不复存在了,这个端口就可以供其他客户进程使用。

服务器主机名后面是信息资源在服务器上的存放路径和文件名,用来指定用户所要获取文件的目录,由文件所在的路径、文件名、扩展名组成。缺省的情况下,服务器就会给浏览器返回一个缺省的文件。例如,通过浏览器访问 Web 服务器时,存放路径和文件缺省的情况下,Web 服务器返回给浏览器一个名为 index.html 或者 default.html 的文件。

**实践操作**

一、使用 Windows Server IIS 配置 WWW 服务器

(一) 安装 WEB 服务器

步骤 1:选择"开始"→"控制面板"→"添加/删除程序"命令,对话框中选中"应用程序服务器"复选框,如图4-3-2所示。

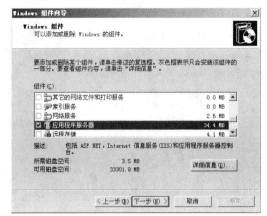

图4-3-2 Windows组件向导

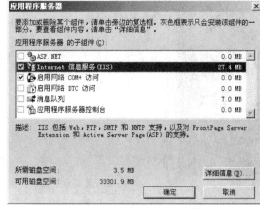

图4-3-3 应用程序服务器

步骤2:单击"详细信息"按钮,打开"应用程序服务器"对话框,如图4-3-3所示。

步骤3:在该对话框内选中"信息服务(IIS)"复选框,然后单击"详细信息"选项,如图4-3-4所示。在列表框中选择"万维网服务",单击"确定"按钮,开始安装IIS组件。

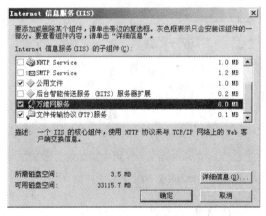

图4-3-4 IIS组件添加

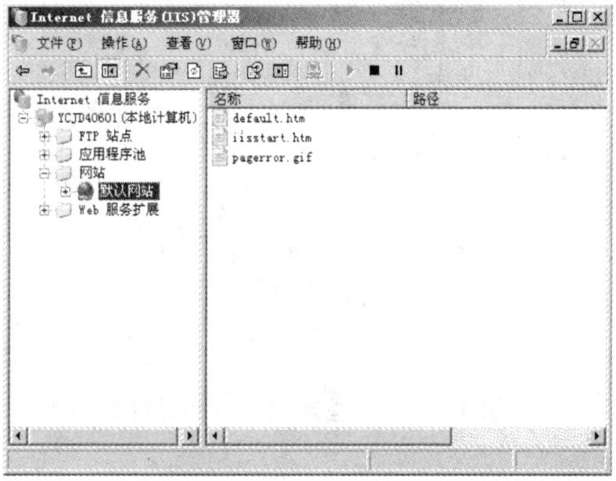

图4-3-5 打开IIS

步骤4:安装完成后,依次选择"开始"→"管理工具"命令,在右侧级联菜单中可以看到新增了"信息服务(IIS)"子项。

(二) 配置WEB服务器

步骤1:单击"开始"→"程序"→"管理工具"→"信息服务(IIS)",打开"信息服务(IIS)",如图4-3-5所示。

步骤2:右击"网站",在弹出的快捷菜单中选择"新建"→"网站",出现"网站创建向导"对话框,如图4-3-6所示。

步骤3:单击"下一步",如图4-3-7所示,在文本框中输入"江苏职业学校"。

步骤4:单击"下一步",如图4-3-8所示,在"网站IP地址"文本框中输入192.168.46.100,即要作为WWW服务器主机的IP地址。在"网站TCP端口"文本框中输入默认端口号。

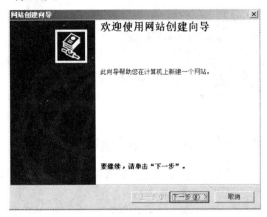

图 4-3-6 网站创建向导

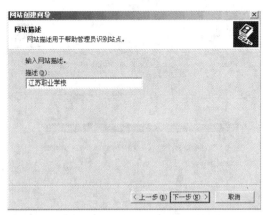

图 4-3-7 网站描述

图 4-3-8 指定 IP 地址和端口

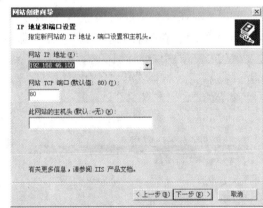

图 4-3-9 选择主目录

　　步骤 5：单击"下一步"，如图 4-3-9 所示，单击"浏览"指定主目录的路径。这里我们就选择默认的路径 c:\intepub\wwwroot，如图 4-3-10 所示。

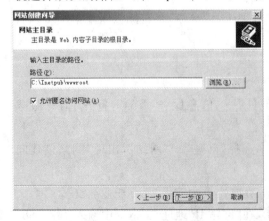

图 4-3-10 主目录路径

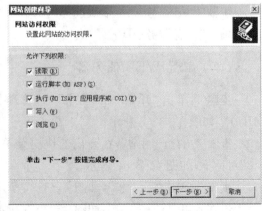

图 4-3-11 权限设置

步骤6：单击"下一步"，如图4-3-11所示，可进行网站访问权限的设置。最后单击"下一步"，完成创建向导。

步骤7：启动网站。选中新建的网站"江苏职业学校"，再单击窗口工具栏中的"启动项目"按钮，便可启动网站。

二、使用浏览器访问 WWW 服务器

WWW服务器设置完成后，可以利用IE浏览器来访问它。打开浏览器，在其地址栏中输入 http://192. 168.46.100，按回车，如图4-3-12所示。这里，我们事先已经利用网页制作软件 Dreamware 设计了一个网页文档 default. html，并将其保存在默认主目录 c:\intepub\wwwroot 中。

图4-3-12　访问WWW服务器

如果要将其他目录中存放的网页作为主页来显示，则要在"网站属性"对话框中的"主目录"选项卡中修改路径，并在"文档"选项卡中，添加作为主页的文档。操作方法如下：打开"网站属性"对话框，选择"主目录"选项卡，利用"浏览"定位到主页文档所在的目录，如图4-3-13所示。选择"文档"选项卡，如图4-3-14所示，单击"添加"，在"添加默认文档"对话框中，键入主页的文件名，单击"确定"后再选择"上移"，直到主页文件名显示在列表的顶部。

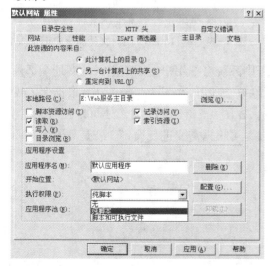

图4-3-13　网站属性设置

图4-3-14　选择主页

三、浏览器的安全设置

（一）临时文件和历史记录的设置

IE 在上网的过程中会在系统盘内自动把浏览过的图片、动画、文本等数据信息保留在系统盘：\Documents and Settings\work hard\Local Settings\Temporary\Internet Files 内。上网的时间一长，临时文件夹的容量会越来越大，这样容易导致磁盘碎片的产生，影响系统的正常运行。解决方法是打开 IE 浏览器，点击"工具选项"，如图 4-3-15 所示。在"常规"选项卡中选择"浏览历史记录"一栏中的"设置"，如图 4-3-16 所示。在"临时文件"一栏中选择"移动文件夹"的命令按钮可设定系统盘以外的路径，然后再依据自己硬盘空间的大小来设定临时文件夹的容量大小，如可设为 50 MB。

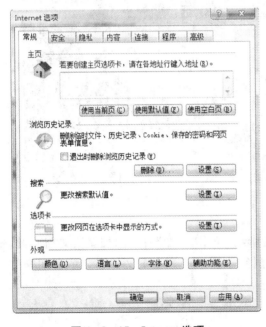

图 4-3-15　Internet 选项

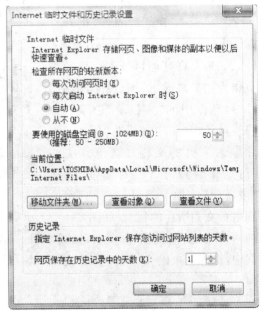

图 4-3-16　Internet 临时文件和历史记录

另外，我们应该定期清除历史浏览记录，否则系统会把用户上网所登录的网址全部保存下来，时间一长会影响浏览网页的速度。删除方法如下：在图 4-3-17 中，根据个人需要对复选按钮进行选择，单击"删除"按钮即可。在图 4-3-16 中我们还可以在"历史记录"一栏中更改"网页保留在历史记录中的天数"，可根据需要进行设置。若是需要保存的网站，可将其添加到收藏夹中。

图 4-3-17　删除历史记录

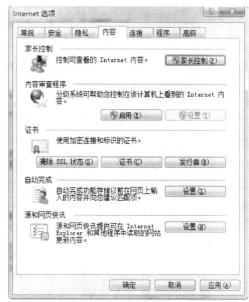

图 4-3-18　内容选项卡

（二）自动完成

我们在第一次使用邮箱或申请成为某网站的用户时,系统会在第一次输入完用户名和密码后跳出一个对话框。询问你是否愿意保存密码,选"是"则只用输入用户名而不必输入密码(密码输入由 IE 的自动完成功能提供)。在自动完成"Internet 选项"对话框中,选择"内容"选项卡,如图 4-3-18 所示。在"自动完成"一栏中单击"设置"按钮后如图 4-3-19 所示。

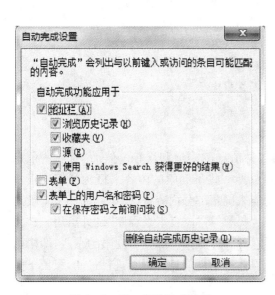

图 4-3-19　自动完成设置

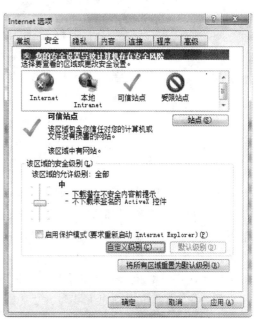

图 4-3-20　安全选项卡

在"自动完成设置"窗口中可以设置"地址栏""表单""表单上的用户名和密码"。可以通过"删除自动完成历史记录"去掉自动完成保留的密码和相关权限。建议大家如果不是使用自己固定电脑上网一定要清除相关记录,防止个人信息被盗。

（三）脚本设置

为了避免网上信息被非法窃取和上网存在的安全隐患,在安装正版防火墙的同时,我们还应该对 Java、javascript 等脚本、ActiveX 的控件和插件进行限制,以确保安全。在"控件和插件进行限选项"对话框中选择"安全"选项卡,如图 4-3-20 所示。单击"自定义级别"按钮,如图 4-3-21 所示。在这里可以对控件和插件"下载""用户验证"等安全选项进行选择性设置,如"启用""禁用"或"提示"。

图 4-3-21 安全设置

（四）信息限制

Internet 为我们每一个人都提供了访问各种信息的渠道和途径。然而,有一些信息却并非对每一位浏览者都适合。比如,不希望看见一些不健康的内容来打扰我们的正常学习和生活。这时就可以通过 IE 分级审查功能来屏蔽部分内容。在"审查功能来屏蔽选项"对话框中选择"内容"选项卡,如图 4-3-18 所示,将"内容审查程序"设为启用。这样就可以控制在计算机上看到的 Internet 内容,它可以过滤掉一部分不健康的东西,即根据用户的要求,由系统自动对那些包含暴力、性、裸体等不良信息的网页进行过滤,只留下健康的内容供用户浏览。

任务评估

自我小结			
软件使用情况	□☺	□☺	□☹
要点掌握情况	□☺	□☺	□☹
知识拓展情况	□☺	□☺	□☹
我的收获			
存在问题			
解决方法			

任务四　配置与使用电子邮件代理软件

任务描述

　　一天,李明无意间听到语文老师张老师抱怨:她有三个电子邮箱,每次都要一一登录不同的邮件服务器收取邮件,太麻烦了! 李明打算帮张老师安装一款电子邮件客户端软件,自动收取邮件,解决张老师的困扰。

任务目标

　　◇ 了解电子邮件的功能与特点;
　　◇ 了解电子邮件的工作过程;
　　◇ 掌握电子邮件客户端软件管理邮件的方法。

 预备知识

一、电子邮件服务的功能与特点

电子邮件是 Internet 最基本的服务之一,它是邮件发送者和接收者利用计算机通信网络发送信息的一种非交互式的通信方式,也是 Internet 最广泛的应用之一。各种电子邮件系统所提供的服务功能基本上是相同的。使用电子邮件服务器用户可以进行以下操作:编写电子邮件、读取与回复电子邮件、打印与存储电子邮件、管理电子邮件与通讯录等。电子邮件之所以受到广大用户的喜爱,还因为它与传统邮件相比具有如下特点:

1. 快捷方便

电子邮件通常在数秒钟内即可送达任意地理位置的收件人信箱中,其速度比电话通信更为高效快捷。它在高速传输的同时允许收信人自由决定什么时间、什么地点接收和回复。发送电子邮件时也不会因"占线"或接收方不在而耽误时间。收件人无须固定时间守候在线路的另一端,可以在任意时间、任意地点,甚至是在旅途中收取 E-mail,从而跨越了时间和空间的限制。

2. 信息多样

电子邮件发送的信件内容除普通文字内容外,还可以是软件、数据,甚至是录音、动画、视频或各类多媒体信息。这是传统邮件无法达到的。

3. 成本低廉

电子邮件最大的优点还在于其低廉的通信价格,用户花费极少的上网费用即可将重要的信息发送到任意地理位置的另一端用户手中。

4. 交流广泛

同一个信件可以通过网络极快地发送给网上指定的一个或多个成员,这些成员可以分布在世界各地,但发送速度则与地域无关。与任何一种其他的 Internet 服务相比,使用电子邮件可以与更多的人进行通信。

5. 可靠性高

电子邮件软件是高效可靠的,如果目的地的计算机正好关机或暂时从 Internet 断开,电子邮件软件会每隔一段时间自动重发。如果电子邮件在一段时间之内无法递交,电子邮件会自动通知发信人。作为一种高质量的服务,电子邮件是安全可靠的高速信件递送机制。

二、电子邮件系统采用的协议

电子邮件在 Internet 上发送和接收的原理可以形象地用我们日常生活中邮寄包裹来形容:当我们要寄一个包裹时,首先要找到任何一个有这项业务的邮局,在填写完收件人姓名、地址等信息之后,包裹就被寄出而到了收件人所在地的邮局,对方取包裹时就必须去这个邮局才能取出。同样的,当我们发送电子邮件时,这封邮件是由邮件发送服务器发出,并根据收信人的地址判断对方的邮件接收服务器而将这封信发送到该服务器上,收信

人要收取邮件也只能访问这个服务器才能完成。

1. 电子邮件的发送

SMTP (Simple Mail Transfer Protocol，简单邮件传输协议)，它是一组用于由源地址到目的地址传送邮件的规则，由它来控制信件的中转方式。SMTP协议属于TCP/IP协议簇，它帮助每台计算机在发送或中转信件时找到下一个目的地。通过SMTP协议所指定的服务器，就可以把E-mail寄到收信人的服务器上了，整个过程只要几分钟。SMTP服务器则是遵循SMTP协议的发送邮件服务器，用来发送或中转发出的电子邮件。

2. 电子邮件的接收

POP3 (Post Office Protocol 3，邮局协议的第3个版本)，它是规定个人计算机如何连接到互联网上的邮件服务器进行收取邮件的协议。它是因特网电子邮件的第一个离线协议标准。POP3协议允许用户从服务器上把邮件存储到本地主机(即自己的计算机)上，同时根据客户端的操作，删除或保存在邮件服务器上的邮件。POP3服务器是遵循POP3协议的接收邮件服务器，用来接收电子邮件。图4-4-1显示了电子邮件服务的工作过程。

图 4-4-1　电子邮件工作过程

三、电子邮件客户端软件简介

通常Internet上的个人用户不能直接接收电子邮件，而是通过邮件服务器上的一个电子信箱，由邮件服务器负责电子邮件的接收。每个用户的电子信箱实际上就是用户所申请的账户名。每个用户的电子邮件信箱都要占用邮件服务器一定容量的硬盘空间。如果我们要阅读邮件有两种方法：一种是大家平时常用的，通过浏览器登录到远程邮件服务器上查看；另一种办法就是通过电子邮件客户端软件把邮件收取到自己的电脑上查看。世界上有很多种著名的邮件客户端，比如：Windows自带的Outlook、Mozilla Thunderbird，还有微软Outlook的升级版Windows Live Mail；国内有客户端三剑客 FoxMail、Dreammail和KooMail等。采用客户端软件主要有如下好处：

(1) 客户端开机就自动启动，接收新邮件，不用再登录邮件服务器，节省时间。当拥有多个邮箱时这个特点更加明显。

(2) 邮件存放在本地计算机上安全性更高。

(3) 无法登录邮件服务器时也可以查看邮件。

实践操作

一、建立新邮箱账户

FoxMail启动后，界面如图4-4-2所示。

图 4-4-2　FoxMail 主界面

步骤 1：点击右上角  按钮，在弹出的快捷菜单中选择"账号管理"，如图 4-4-2 所示。

图 4-4-3　系统设置

步骤2：在弹出的"系统设置"窗口中选择"账号"下的"新建"命令。在"新建账号"窗口中输入 E-mail 地址和登录密码，如图 4-4-4 所示。

图 4-4-4 新建账号

图 4-4-5 验证成功

步骤3：单击"创建"按钮后系统进行邮箱地址和密码的验证，验证成功后如图 4-4-5 所示。最后单击"完成"按钮，新账户添加成功。

FoxMail 可以管理多个邮箱账户。比如我们还有一个 139 邮箱，可以同时用 FoxMail 来收发邮件，设置方法如上所述。

二、收发邮件

设置好账户信息后，我们就可以进行邮件的收发了。

（一）收取邮件

单击主界面左上角的"收取"按钮，如图 4-4-6 所示。系统自动登录邮件服务器进行邮件的收取，并将收取的邮件按时间先后顺序显示在窗口中间区域。如图 4-4-7 所示。

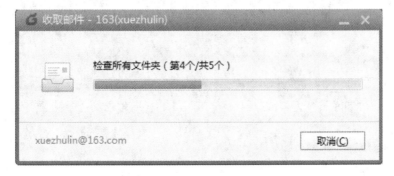

图 4-4-6 收取邮件

图 4-4-7 完成邮件收取

（二）写邮件和发送邮件

单击主窗口中的"写邮件"按钮，出现"写邮件"窗口。在"写邮件"窗口中的"收件人""主题""抄送"文本框中输入相应内容，在窗口下方输入邮件内容，如图 4-4-8 所示。我们还可以利用"附件"功能在邮件中添加图片、音频、视频等多媒体信息，比如这里我们添加了一个压缩包"照片.rar"的附件。邮件书写完毕后，单击"发送"按钮即可完成邮件的发送任务。

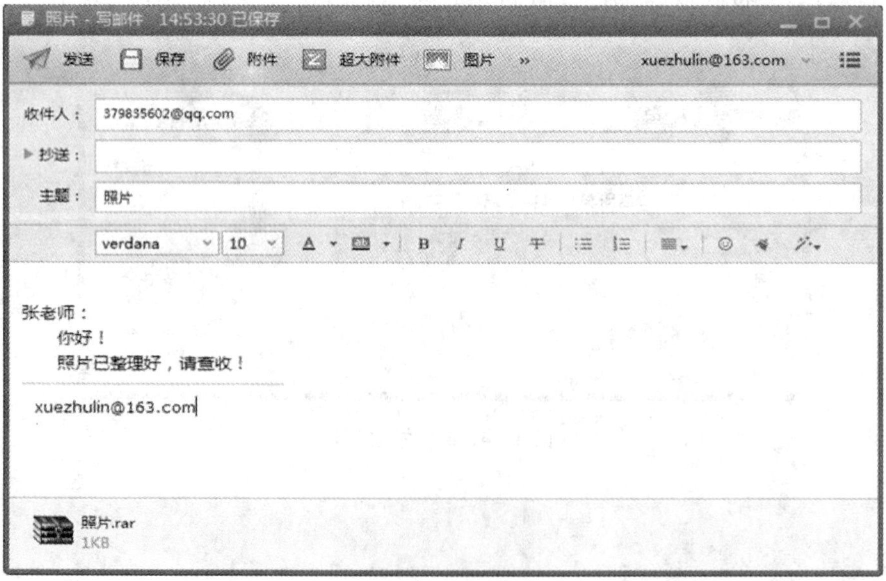

图 4-4-8 写邮件

**任务评估**

自我小结			
软件使用情况	□☺	□☺	□☹
要点掌握情况	□☺	□☺	□☹
知识拓展情况	□☺	□☺	□☹
我的收获			
存在问题			
解决方法			

**专题小结**

　　本专题主要内容包括：① 网络共享打印机的安装及配置。② FTP 服务的架构与功能，FTP 服务的安装、配置及访问方法。③ HTML、HTTP、URL 的基本知识，WWW 的工作原理，WWW 服务的配置和访问方法，浏览器的安全设置。④ 电子邮件的功能及工作过程，使用电子邮件客户端软件管理电子邮件的方法。

专题五　升级校园网络

随着校园网络的应用和用户越来越多,网络的传输量也极大增加,李明发现在当前网络环境下,经常出现网络不通,网速慢等现象。因此,有必要对现有网络进行适当升级改造以满足需要。

为了完成升级改造的任务,李明准备学习路由器基本配置、路由配置和访问控制列表配置等知识和技能,对校园网络进行升级改造。

任务一　路由器的简单配置

任务描述

李明通过分析发现,原来的校园网络没有进行网段的划分,所有主机处于同一网段,为了减少网络广播流量、提高网络性能和简化管理,有必要根据部门进行子网划分。划分子网后,各子网间需要采用路由器进行互联互通。为了完成这一任务,李明展开了学习。

任务目标

◇ 了解路由器的基本功能;
◇ 了解路由器命令行接口的各种操作模式;
◇ 掌握路由器基本配置。

预备知识

一、路由器的功能

路由器(Router)是连接因特网中各局域网、广域网的设备,如图 5-1-1 所示。它会根据信道的情况自动选择和设定路由,以最佳路径,按前后顺序发送信号。路由器是互联网络的枢纽。目前路由器已经广泛应用于各行各业,各种不同档次的产品已成为实现各种骨干网内部连接、骨干网间互联和骨干网与互联网互联互通业务的主力军。路由和交换机之间的主要区别就是交换机发生在 OSI 参考模型第二层(数据链路层),而路由发生在第三层,即网络层。这一区别决定了路由和交换机在移动信息的过程中需使用不同的控制信息,所以说两者实现各自功能的方式是不同的。

图 5 - 1 - 1   Cisco 2821 集成多业务路由器

路由器(Router)又称网关设备(Gateway),是用于连接多个逻辑上分开的网络。所谓逻辑网络是代表一个单独的网络或者一个子网。当数据从一个子网传输到另一个子网时,可通过路由器的路由功能来完成。因此,路由器具有判断网络地址和选择 IP 路径的功能,它能在多网络互联环境中,建立灵活的连接,可用完全不同的数据分组和介质访问方法连接各种子网,路由器只接受源站或其他路由器的信息,属网络层的一种互联设备。

二、路由器工作原理

我们通过一个例子来说明路由器的工作原理。

例:假设有如图 5 - 1 - 2 所示的网络结构图,PC0 需要向 PC1 发送消息。

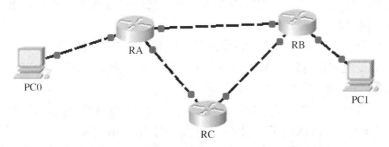

图 5 - 1 - 2   PC0 与 PC1 通信网络结构图

大概通信流程如下:

(1) PC0 发给 PC1 的数据包到达路由器 RA 后,RA 提取数据包中的目标地址、TTL 等参数,进行 TTL - 1 运算,如果结果为 0,则丢弃数据包,然后反馈一个生存期过期的 ICMP 包给发送者 PC0。

(2) RA 查找路由表,看是否有到达目的地址 PC1 的路由,如果不存在到达 PC1 的路由,则丢弃数据包,然后反馈一个目标不可到达的 ICMP 包给发送者 PC0。

(3) 在图 5 - 1 - 2 的通信模型中,PC0 到 PC1 有多条路径,RA 中运行的路由协议会根据网络的带宽、时延等选择一条到达 PC1 的最优路径。

(4) RA 经过计算,通过 RB 为最佳路径选择;RA 把数据包重新封装,重新生成数据包校验,把数据包发送给 RB。

(5) RB 接收到 RA 发过来的数据包后,重复上述流程,直到数据最终到达 PC1。

事实上,路由器除了上述功能外,还具有访问控制、网络流量控制、网络地址转换和连接异构网络等功能。

实践操作

一、路由器常用配置方式

（1）通过如图 5-1-3 所示的控制线缆，一端连接路由器的控制口，一端连接计算机的 COM 口，通过超级终端进行配置。一般用这种方式来对刚投入使用的设备进行初始配置。

（2）对于已经投入使用的设备，可以通过 Telnet 方式进行远程配置。

图 5-1-3　路由器控制线

（3）通过专门的网关软件进行配置，如华为的 eSight、思科的 Cisco works。

（4）通过 FTP、TFTP 上传配置文件的方式进行配置。

（5）通过简单网络管理协议（SNMP）进行配置。

此外，常用的家庭路由器还支持通过 Web 方式进行配置。

二、路由器配置界面

对于刚投入使用的路由器设备，需要通过控制线缆对设备进行初始配置。下面以思科的路由器为例，配置过程如下：

步骤 1：用图 5-1-3 所示的控制线把路由器和电脑连接起来。

步骤 2：假设电脑运行的为 Windows XP 操作系统。点击系统"开始"菜单，依次打开"程序"→"附件"→"通信"→"超级终端"。

步骤 3：点击"文件"，"新建连接"，出现如图 5-1-4 所示的界面。根据情况，输入连接名称，点击"确定"后，如果是第一次使用超级终端，则会出现如图 5-1-5 所示界面，选择好所在地区和输入区号后，点击"确定"，在新出来的界面里选择和路由器连接的通信端口，如图 5-1-6 所示。根据你的电脑的实际情况，一般选择 COM1 或者 COM2。

图 5-1-4　超级终端新建连接

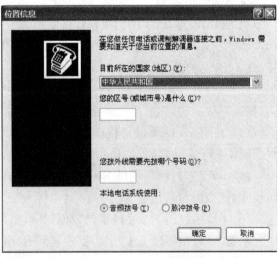

图 5-1-5　区号设置

步骤4:端口选择后,点击确定,出现如图5-1-7所示的界面,对通信端口的参数进行设置;主流设备点击"还原为默认值"即可,特殊设备参照说明手册完成设置。

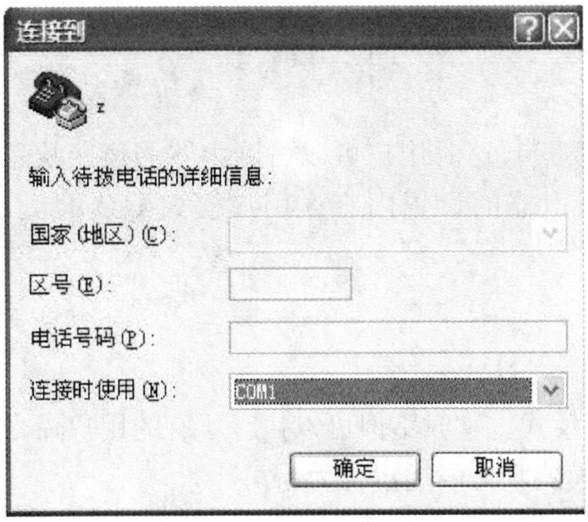

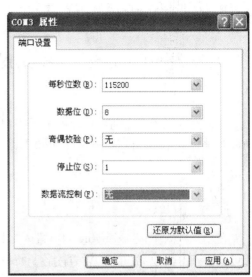

图5-1-6　通信端口选择　　　　　图5-1-7　端口参数设置

步骤5:完成上述设置后,点击确定,如果一切设置无误,启动路由器,超级终端会出现设备启动信息;待设备启动完毕,则可进行设备的配置,初次使用的设备会询问你是否进入交互式的初始配置模式,如图5-1-8所示。

```
cisco Systems, Inc.
170 West Tasman Drive
San Jose, California 95134-1706


Cisco Internetwork Operating System Software
IOS (tm) C2600 Software (C2600-I-M), Version 12.2(28), RELEASE SOFTWARE (fc5)
Technical Support: http://www.cisco.com/techsupport
Copyright (c) 1986-2005 by cisco Systems, Inc.
Compiled Wed 27-Apr-04 19:01 by miwang

Cisco 2620 (MPC860) processor (revision 0x200) with 253952K/8192K bytes of memor
y
Processor board ID JAD05190MTZ (4292891495)
M860 processor: part number 0, mask 49
Bridging software.
X.25 software, Version 3.0.0.
3 FastEthernet/IEEE 802.3 interface(s)
32K bytes of non-volatile configuration memory.
63488K bytes of ATA CompactFlash (Read/Write)



        --- System Configuration Dialog ---

Continue with configuration dialog? [yes/no]:
```

图5-1-8　路由器启动界面

大部分品牌的路由器都提供名为命令行接口（Command Line Interface，CLI）的配置界面，用户通过输入各种指令对路由器进行配置。CLI 具有用户模式、特权模式、全局配置模式和接口配置等模式。每种模式下，用户能使用的命令和权限都不一样。

三、路由器中几种模式及其之间的转换

1. 用户模式

进入超级终端敲回车键，即可进行用户模式。这时用户可以看路由器的连接状态，访问其他网络和主机，但不能看到和更改路由器的设置内容。用户模式默认的提示符为：

Router＞

2. 特权模式

在用户模式下键入 Enable 即可进入特权模式。这时不但可以执行所有的用户命令，还可以看到和更改路由器的设置内容。特权模式默认的提示符为：

Router＞*enable*

Router♯

3. 全局配置模式

由特权模式下键入 Configure terminal 即可进入全局配置模式，此时路由器处于全局设置状态，这时可以设置路由器的全局参数。全局模式默认的提示符为：

Router♯*configure terminal*

Router(config)♯

四、路由器基本参数配置

对于第一次投入使用的路由器，一般需要进行设备名、系统访问密码和接口 IP 地址等初步配置。相关指令如下（斜体加下划线的为配置指令，后面的中文是命令对应的解释）：

Router＞<u>*enable*</u>　输入 enable 进入特权模式

Router♯<u>*configure terminal*</u>　进入全局配置模式

Enter configuration commands，one per line.　End with CNTL/Z.

Router(config)♯<u>*enable secret 0 mypass*</u>　配特权模式进入密码为 mypass

Router(config)♯<u>*hostname Ra*</u>　配置路由器名为 Ra

Ra(config)♯<u>*interface fastEthernet* 0/0</u>　进入接口编号为 0/0 的接口

Ra(config-if)♯<u>*ip address* 192.168.0.1 255.255.255.0</u>　配置接口 IP 地址

Ra(config-if)♯<u>*no shutdown*</u>　启用接口

配置过程如图 5－1－9 所示。

```
Router>enable
Router#configure terminal
Enter configuration commands, one per line.  End with CNTL/Z.
Router(config)#enable secret 0 mypass
Router(config)#hostname Ra
Ra(config)#interface fastEthernet 0/0
Ra(config-if)#ip address 192.168.0.1 255.255.255.0
Ra(config-if)#no shutdown
```

图 5 - 1 - 9　路由器初步配置

五、校园网络升级任务

　　根据前面所学基础知识,把新买的路由器接入校园网络,结合网络实际情况,进行基本的配置,实现各部门和各机房网络的局部连通。

任务评估

自我小结			
软件使用情况	□☺	□☺	□☹
要点掌握情况	□☺	□☺	□☹
知识拓展情况	□☺	□☺	□☹
我的收获			
存在问题			
解决方法			

任务二　路由协议的简单配置

任务描述

在学习路由协议的过程中,李明发现,RIP(Routing Information Protocol,路由信息协议)是路由器生产商之间使用的第一个开放标准,是应用最广泛的路由协议,在所有 IP 路由平台上都可以得到。RIP 路由协议因为其工作原理相对容易理解,配置管理相对简单,在小型网络中被经常使用。因此,李明根据校园网络的实际情况,决定各网段间采用 RIP 路由协议来进行互联互通。

任务目标

◇ 了解路由相关基础知识;
◇ 掌握 RIP 路由协议的配置方法;
◇ 在掌握相关知识的基础上,对校园网进行配置。

预备知识

一、基础知识

路由器的网络互联的功能是将一个网络的数据包发送到另一个网络。路由功能主要包括两项基本内容:寻路和转发。寻路即判断数据到达目的地址的最佳路径。路由协议通过在路由器之间共享路由信息来支持可路由协议。路由信息在相邻路由器之间传递,确保所有路由器知道到其他路由器的路径。总之,路由协议创建了路由表,描述了网络拓扑结构;路由协议与路由器协同工作,执行路由选择和数据包转发功能。

二、路由协议的功能和分类

路由分为静态路由和动态路由,其相应的路由表称为静态路由表和动态路由表。静态路由表由网络管理员在系统安装时根据网络的配置情况预先设定,网络结构发生变化后由网络管理员手工修改路由表。动态路由随网络运行情况的变化而变化,路由器根据路由协议提供的功能自动计算数据传输的最佳路径,由此得到动态路由表。

根据路由算法,动态路由协议可分为距离向量路由协议(Distance Vector Routing Protocol)和链路状态路由协议(Link State Routing Protocol)。距离向量路由协议基于 Bellman-Ford 算法,主要有 RIP、IGRP(Interior Gateway Routing Protocol,内部网关路由协议);链路状态路由协议基于图论中非常著名的 Dijkstra 算法,即 SPF(Shortest Path First,最短优先路径)算法,如 OSPF(Open Shortest Path First,开放式最短路径优先)。在距离向量路由协议中,路由器将部分或全部的路由表传递给予其相邻的路由器;而在链路状态路由协议中,路由器将链路状态信息传递给在同一区域内的所有路由器。根据路由器在自治系统(AS)中的位置,可将路由协议分为内部网关协议(Interior Gateway Protocol,IGP)和域间路由协议(External Gateway Protocol,EGP)。域间路由协议有两种:外部网关协议(Exterior Gateway Protocol,EGP)和边界网关协议(Border Gateway Protocol,BGP)。EGP 是为一个简单的树型拓扑结构而设计的,在处理选路循环和设置选路策略时,具有明显的缺点,已被 BGP 代替。

三、路由表

路由器的主要工作就是为经过路由器的每个数据包寻找一条最佳的传输路径,并将该数据有效地传送到目的站点。由此可见,选择最佳路径的策略即路由算法是路由器的关键所在。为了完成这项工作,在路由器中保存着各种传输路径的相关数据——路由表(Routing Table),供路由选择时使用,表中包含的信息决定了数据转发的策略。打个比方,路由表就像我们平时使用的地图一样,标识着各种路线,路由表中保存着子网的标志信息、网上路由器的个数和下一个路由器的名字等内容。路由表可以是由系统管理员固定设置好的,也可以由系统动态生成与修改。

由管理员固定设置好的一般称为静态路由,它的优点是简单,缺点是网络发生变化时需要管理员手动修改。由路由协议动态生成的称为动态路由,路由器根据路由选择协议(Routing Protocol)提供的功能,自动学习和记忆网络运行情况,在需要时自动计算数据传输的最佳路径。

正常情况下,对于完整支持 TCP/IP 协议的设备,不管是路由器,还是普通电脑,在设备运行时,会根据设备的配置情况自动生成路由表。以 windows 系统为例,在命令行输入 route print,显示如图 5-2-1 所示的路由表。表中每行表示一个路由条目,前面的两个字段表示目的网络,第三个字段表示数据转发的下一条地址,第四个字段表示从哪个网络接口把数据发送出去,最优一个字段表示优先级。

```
Network Destination        Netmask          Gateway        Interface  Metric
       0.0.0.0            0.0.0.0        192.168.2.1    192.168.2.237    20
     127.0.0.0          255.0.0.0        127.0.0.1        127.0.0.1      1
   192.168.2.0      255.255.255.0      192.168.2.237    192.168.2.237   20
 192.168.2.237    255.255.255.255        127.0.0.1        127.0.0.1     20
 192.168.2.255    255.255.255.255    192.168.2.237    192.168.2.237    20
     224.0.0.0          240.0.0.0      192.168.2.237    192.168.2.237   20
255.255.255.255  255.255.255.255    192.168.2.237    192.168.2.237     1
```

图 5-2-1　路由表示例

实践操作

一、RIP 路由协议的配置

（一）网络规划

如图 5-2-2 所示,在各互联路由器上配置 RIP 路由协议,使各网段能互联互通。

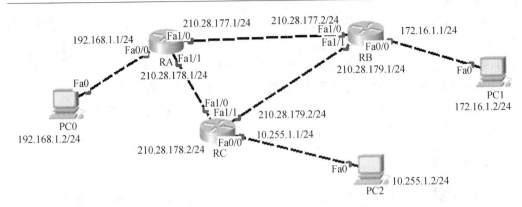

图 5-2-2 RIP 路由实验拓扑图

各设备接口 IP 地址如表 5-2-1 所示。

表 5-2-1 设备接口 IP 地址

设 备	端 口	IP 地址	子网掩码
PC0	Fa0	192.168.1.2	255.255.255.0
PC1	Fa0	172.16.1.2	255.255.255.0
PC2	Fa0	10.255.1.2	255.255.255.0
路由器 RA	Fa0/0	192.168.1.1	255.255.255.0
	Fa1/0	210.28.177.1	255.255.255.0
	Fa1/1	210.28.178.1	255.255.255.0
路由器 RB	Fa0/0	172.16.1.1	255.255.255.0
	Fa1/0	210.28.177.2	255.255.255.0
	Fa1/1	210.28.179.1	255.255.255.0
路由器 RC	Fa0/0	10.255.1.1	255.255.255.0
	Fa1/0	210.28.178.2	255.255.255.0
	Fa1/1	210.28.179.2	255.255.255.0

(二) 各设备接口 IP 地址配置

RA 接口 IP 配置示例如图 5-2-3 所示,具体步骤如下(斜体部分为需要输入的命令):

进入特权模式

RA>*enable*

RA#

进入 RA 全局配置模式

RA#*conf t*

RA#(config)#

进入 fa0/0 端口

配置 fa0/0 端口的 IP 地址,子网掩码,并使用 no shut 命令开启端口,完成后使用 exit 返回上一级模式。

RA♯(config)♯*interface fa0/0*

RA♯(config-if)♯*ip address* 192.168.1.1 255.255.255.0

RA♯(config-if)♯*no shutdown*

RA♯(config-if)♯*exit*

进入 fa1/0 端口,配置 IP 地址,子网掩码,并设置端口为开启状态

RA♯(config)♯*interface fa1/0*

RA♯(config-if)♯*ip address* 210.28.177.1 255.255.255.0

RA♯(config-if)♯*no shutdown*

RA♯(config-if)♯*exit*

进入 fa1/1 端口,配置 IP 地址,子网掩码,并设置端口为开启状态

RA♯(config)♯*interface fa1/1*

RA♯(config-if)♯*ip address* 210.28.178.1 255.255.255.0

RA♯(config-if)♯*no shutdown*

RA♯(config-if)♯*exit*

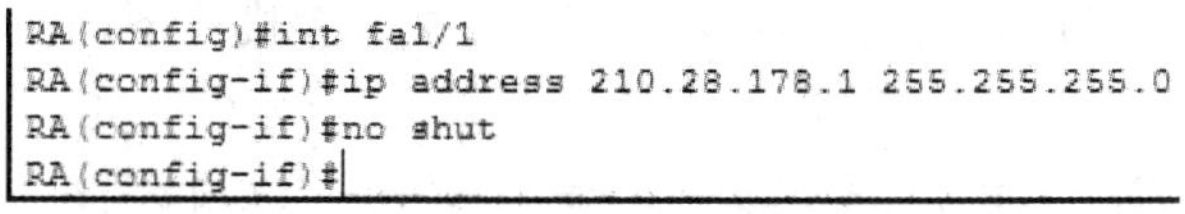

```
RA(config)#int fa1/1
RA(config-if)#ip address 210.28.178.1 255.255.255.0
RA(config-if)#no shut
RA(config-if)#
```

图 5-2-3　路由器 RA 接口 IP 地址配置示例

RB 接口 IP 地址配置,具体步骤如下(斜体字为需要输入的配置命令):

进入 RB 全局配置模式

进入 fa1/0 端口,配置 IP 地址,子网掩码,并设置端口为开启状态

同上,分别进入 fa1/0,fa1/1,fa0/0 端口,配置 IP 地址,子网掩码,并保证其端口为开启状态。

RB♯(config)♯*interface fa1/0*

RB♯(config-if)♯*ip address* 210.28.177.2 255.255.255.0

RB♯(config-if)♯*no shutdown*

RB♯(config-if)♯*exit*

RB♯(config)♯*interface fa1/1*

RB♯(config-if)♯*ip address* 210.28.179.1 255.255.255.0

RB♯(config-if)♯*no shutdown*

RB♯(config-if)♯*exit*

RB♯(config)♯*interface fa0/0*

RB♯(config-if)♯*ip address* 172.16.1.1 255.255.255.0

RB♯(config-if)♯*no shutdown*

RB♯(config-if)♯*exit*

相似地,RC 接口 IP 地址配置如图 5-2-4 所示,具体步骤如下:

进入路由器 RC 的全局配置模式,

进入 fa0/0 端口,设置 IP 地址,子网掩码,并设置端口为开启状态,

同上,分别进入 fa1/0,fa1/1 端口,配置 IP 地址,子网掩码,并保证其端口为开启状态。

```
RC(config)#int fa1/0
RC(config-if)#ip add 210.28.178.2 255.255.255.0
RC(config-if)#no shut
RC(config-if)#exit
RC(config)#int fa1/1
RC(config-if)#ip add 210.28.179.2 255.255.255.0
RC(config-if)#nos hut
                 ^
% Invalid input detected at '^' marker.

RC(config-if)#no shut
RC(config-if)#
```

图 5-2-4　路由器 RC 接口 IP 地址配置

(三) RIP 路由协议配置

1. 配置 RA

RA(config)♯*router rip* //在路由器 RA 的全局配置模式下,使用 router rip 在设备上启用路由协议

RA(config-router)♯*network* 192.168.1.0 //添加路由条目信息,宣告直联网段 192.168.1.0

RA(config-router)♯*network* 210.28.177.0 //添加路由条目信息,宣告直联网段 210.28.177.0

RA(config-router)♯*network* 210.28.178.0 //添加路由条目信息,宣告直联网段 210.28.178.0

配置完成后,在特权模式下,使用 show ip route 命令即可显示路由器 RA 当前路由表的信息。RA 的路由表信息如图 5-2-5 所示。

```
RA>en
RA#show ip route
Codes: C - connected, S - static, I - IGRP, R - RIP, M - mobile, B - BGP
       D - EIGRP, EX - EIGRP external, O - OSPF, IA - OSPF inter area
       N1 - OSPF NSSA external type 1, N2 - OSPF NSSA external type 2
       E1 - OSPF external type 1, E2 - OSPF external type 2, E - EGP
       i - IS-IS, L1 - IS-IS level-1, L2 - IS-IS level-2, ia - IS-IS inter area
       * - candidate default, U - per-user static route, o - ODR
       P - periodic downloaded static route

Gateway of last resort is not set

R    10.0.0.0/8 [120/1] via 210.28.178.2, 00:00:23, FastEthernet1/1
R    172.16.0.0/16 [120/1] via 210.28.177.2, 00:00:01, FastEthernet1/0
C    192.168.1.0/24 is directly connected, FastEthernet0/0
C    210.28.177.0/24 is directly connected, FastEthernet1/0
C    210.28.178.0/24 is directly connected, FastEthernet1/1
R    210.28.179.0/24 [120/1] via 210.28.177.2, 00:00:01, FastEthernet1/0
                     [120/1] via 210.28.178.2, 00:00:23, FastEthernet1/1
RA#
```

图 5-2-5　RA 路由表

注:其中三个 C 表示与路由器相连的三个直联网段的信息。

由上可以看出,RIP 路由协议配置比较简单,主要两个配置步骤:一是启用 RIP 路由协议;二是向网络宣告通过自己,可以到达哪些网络。

2. 配置 RB

Rb(config)♯*router rip* 在路由器 Rb 的全局配置模式下,用 router rip 在设备上启用路由协议

Rb(config-router)♯*network* 172.16.1.0 添加路由条目信息,宣告直联网段 172.16.1.0

Rb(config-router)♯*network* 210.28.177.0 添加路由条目信息,宣告直联网段 210.28.177.0

Rb(config-router)♯*network* 210.28.179.0 添加路由条目信息,宣告直联网段 210.28.179.0

配置完成后,在特权模式下,使用 show ip route 命令即可显示路由器 Rb 当前路由表的信息,如图 5-2-6 所示。

```
Rb>en
Rb#show ip route
Codes: C - connected, S - static, I - IGRP, R - RIP, M - mobile, B - BGP
       D - EIGRP, EX - EIGRP external, O - OSPF, IA - OSPF inter area
       N1 - OSPF NSSA external type 1, N2 - OSPF NSSA external type 2
       E1 - OSPF external type 1, E2 - OSPF external type 2, E - EGP
       i - IS-IS, L1 - IS-IS level-1, L2 - IS-IS level-2, ia - IS-IS inter area
       * - candidate default, U - per-user static route, o - ODR
       P - periodic downloaded static route

Gateway of last resort is not set

R    10.0.0.0/8 [120/1] via 210.28.179.2, 00:00:24, FastEthernet1/1
     172.16.0.0/24 is subnetted, 1 subnets
C       172.16.1.0 is directly connected, FastEthernet0/0
R    192.168.1.0/24 [120/1] via 210.28.177.1, 00:00:04, FastEthernet1/0
C    210.28.177.0/24 is directly connected, FastEthernet1/0
R    210.28.178.0/24 [120/1] via 210.28.179.2, 00:00:24, FastEthernet1/1
                     [120/1] via 210.28.177.1, 00:00:04, FastEthernet1/0
C    210.28.179.0/24 is directly connected, FastEthernet1/1
Rb#
```

图 5-2-6　Rb 的路由表信息

3. 配置 RC

RC(config)♯*router rip* 在路由器 Rb 的全局配置模式下,用 router rip 在设备上启用路由协议

RC(config-router)♯*network* 10.255.1.0 添加路由条目信息,宣告直联网段 10.255.1.0

RC(config-router)♯*network* 210.28.178.0 添加路由条目信息,宣告直联网段 210.28.178.0

RC(config-router)♯*network* 210.28.179.0 添加路由条目信息,宣告直联网段 210.28.179.0

配置完成后,在特权模式下,使用 show ip route 命令即可显示路由器 RC 当前路由表的信息,如图 5-2-7 所示。

```
RC>en
RC#show ip route
Codes: C - connected, S - static, I - IGRP, R - RIP, M - mobile, B - BGP
       D - EIGRP, EX - EIGRP external, O - OSPF, IA - OSPF inter area
       N1 - OSPF NSSA external type 1, N2 - OSPF NSSA external type 2
       E1 - OSPF external type 1, E2 - OSPF external type 2, E - EGP
       i - IS-IS, L1 - IS-IS level-1, L2 - IS-IS level-2, ia - IS-IS inter area
       * - candidate default, U - per-user static route, o - ODR
       P - periodic downloaded static route

Gateway of last resort is not set

     10.0.0.0/24 is subnetted, 1 subnets
C       10.255.1.0 is directly connected, FastEthernet0/0
R    172.16.0.0/16 [120/1] via 210.28.179.1, 00:00:18, FastEthernet1/1
R    192.168.1.0/24 [120/1] via 210.28.178.1, 00:00:08, FastEthernet1/0
R    210.28.177.0/24 [120/1] via 210.28.178.1, 00:00:08, FastEthernet1/0
                     [120/1] via 210.28.179.1, 00:00:18, FastEthernet1/1
C    210.28.178.0/24 is directly connected, FastEthernet1/0
C    210.28.179.0/24 is directly connected, FastEthernet1/1
RC#
```

图 5 - 2 - 7　RC 的路由表信息

（四）测试

给 PC0、PC1 和 PC2 配置上对应的 IP 地址、网关后，通过 ping 测试，各主机已经能互相 ping 通。

步骤 1：PC0 ping PC2。

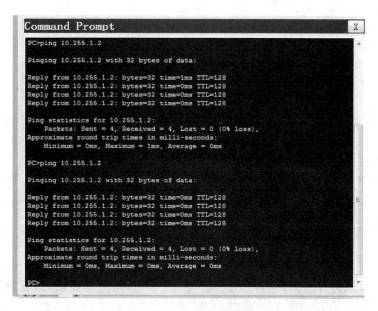

图 5 - 2 - 8　PC0 ping PC2 结果

步骤 2：PC0 ping PC1。

```
PC>ping 10.255.1.2

Pinging 10.255.1.2 with 32 bytes of data:

Reply from 10.255.1.2: bytes=32 time=0ms TTL=128
Reply from 10.255.1.2: bytes=32 time=0ms TTL=128
Reply from 10.255.1.2: bytes=32 time=0ms TTL=128
Reply from 10.255.1.2: bytes=32 time=0ms TTL=128

Ping statistics for 10.255.1.2:
    Packets: Sent = 4, Received = 4, Lost = 0 (0% loss),
Approximate round trip times in milli-seconds:
    Minimum = 0ms, Maximum = 0ms, Average = 0ms

PC>
```

图 5 - 2 - 9　PC0 ping PC1 结果

步骤 3:PC1 ping PC2。

```
PC>ping 172.16.1.2

Pinging 172.16.1.2 with 32 bytes of data:

Reply from 172.16.1.2: bytes=32 time=1ms TTL=128
Reply from 172.16.1.2: bytes=32 time=1ms TTL=128
Reply from 172.16.1.2: bytes=32 time=0ms TTL=128
Reply from 172.16.1.2: bytes=32 time=1ms TTL=128

Ping statistics for 172.16.1.2:
    Packets: Sent = 4, Received = 4, Lost = 0 (0% loss),
Approximate round trip times in milli-seconds:
    Minimum = 0ms, Maximum = 1ms, Average = 0ms

PC>
```

图 5 - 2 - 10　PC1 ping PC2 结果

二、网络升级任务

根据前面所学知识,结合专题三中校园网络的实际部署情况,配置 RIP 路由协议,实现全网的互联互通。

 **任务评估**

自我小结			
软件使用情况	□☺	□☺	□☹
要点掌握情况	□☺	□☺	□☹
知识拓展情况	□☺	□☺	□☹
我的收获			

（续表）

存在问题	
解决方法	

任务三　简单访问控制列表的配置

任务描述

在校园网络的使用过程中,李明发现,网络经常出现访问速度慢,容易掉线的情况。经过分析,是网络中的 P2P 下载、病毒等消耗了过多带宽,因此,需要对网络中无关流量进行限制以节省网络带宽;此外,受限于经费投入,在没有购买专用网络防火墙的情况下,需要通过配置访问控制列表来保护服务器的安全。

任务目标

◇ 了解访问控制列表相关基础知识;

◇ 掌握访问控制列表的配置步骤与方法;

◇ 在掌握相关知识的基础上,在校园网络中设置合适的访问控制列表,控制无关流量,限制无关访问。

预备知识

一、访问控制的概念

ACL(Access Control Lists,访问控制列表)是应用在路由器接口的指令列表。这些指令列表用来告诉路由器哪些数据包可以收、哪些数据包需要拒绝。至于数据包是被接收还是拒绝,可以由类似于源地址、目的地址、端口号等的特定指示条件来决定。

二、访问控制列表的种类

1. 标准访问控制列表

一个标准 IP 访问控制列表匹配 IP 包中的源地址或目的地址中的一部分,可对匹配的包采取拒绝或允许两个操作。编号范围是从 1～99 的访问控制列表是标准 IP 访问控制列表。

2. 扩展访问控制列表

扩展 IP 访问控制列表比标准 IP 访问控制列表具有更多的匹配项,包括协议类型、源地址、目的地址、源端口、目的端口等。编号范围是从 100～199 的访问控制列表是扩展 IP 访问控制列表。

此外还有命令访问控制列表,基于时间的访问控制列表等。不同设备对访问控制列表的编号范围也略有不同,实际使用时注意参照产品手册。

三、设置访问控制的重要性

访问控制是网络安全防范和保护的主要策略,它的主要任务是保证网络资源不被非法使用和访问,它是保证网络安全最重要的核心策略之一。访问控制涉及的技术也比较广,包括入网访问控制、网络权限控制、目录级控制以及属性控制等多种手段。

访问控制列表不但可以起到控制网络流量、流向的作用,而且在很大程度上起到保护网络设备、服务器的关键作用。作为外网进入企业内网的第一道关卡,路由器上的访问控制列表成为保护内网安全的有效手段。

四、配置访问控制列表的命令格式

标准访问控制列表的命令格式如下:

access-list [1—99] [permit|deny] [source]

参数 1～99 表示标准访问控制列表编号范围为 1～99。permit 表示允许符合条件的数据包通过,deny 则表示拒绝通过。source 表示数据包的源地址。其中可以用 any 表示任何主机,host ip 表示某一特定主机,网段+反掩码的方式表示一段主机。

实践操作

一、访问控制列表应用实例

(一)任务要求

在如图 5-2-2 所示的网络中,配置访问控制列表,禁止 PC1 访问 PC0,禁止 PC2 访问 PC0 的 tcp 80 端口。

（二）配置步骤

1. 配置 RA

要禁止 PC1 访问 PC0，在 RA 上做如下配置即可：

RA(config)♯access-list 1 deny host 172.16.1.2//拒绝来自 172.16.1.2 的数据包

RA(config)♯interface f0/0//进入编号为 0/0 的接口

RA(config-if)♯ip access-group 1 out//应用第一步配置的控制规则

说明：第一条指令为数据包控制规则配置，第三条指令为对 f0/0 口出去的数据包进行规则匹配，按照编号为 1 的访问控制列表进行数据包控制。

步骤 1：RA 进入全局模式。

RA＞en

步骤 2：RA 进入特权模式。

RA♯config t

步骤 3：在 RA 上拒绝来自 172.16.1.2 的数据包。

RA(config)♯access-list 1 deny host 172.16.1.2

步骤 4：进入编号为 fa0/0 的接口。

RA(config)♯interface f0/0

步骤 5：应用第一步配置的控制规则。

RA(config-if) ♯ip access-group 1 out

步骤 6：在 RA 查看控制列表信息。

```
RA＞en
RA♯show access-list
Standard IP access list 1
    10 deny host 172.16.1.2
```

2. 配置 RC

要禁止 PC2 访问 PC0 的 TCP 80 端口，在 RC 上做如下配置即可：

RC(config)♯access-list 100 deny tcp host 10.255.1.2 eq 80 host 192.168.1.2

RC(config)♯int f0/0

RC(config-if)♯ip access-group 100 in

3. 配置 Rb

步骤 1：Rb 进入全局模式。

Rb＞en

步骤 2：Rb 进入特权模式。

Rb♯config t

步骤 3：在 Rb 上创建访问控制列表拒绝 pc2：10.255.1.2 访问 pc0：192.168.1.2 的 www 服务。

Rb(config)♯access-list 100 deny tcp host 10.255.1.2 eq 80 host 192.168.1.2

步骤 4:在 Rb 上设置访问列表允许其他服务类型通过。

Rb(config)♯access-list 100 permit ip any any

步骤 5:进入编号为 fa0/0 的接口。

Rb(config)♯int fa0/0

步骤 6:应用第二步配置的控制规则。

Rb(config-if)♯ip access-group 100 in|

步骤 7:退出配置模式。

Rb(config-if)♯end

步骤 8:在 Rb 上查看控制列表信息。

Rb>en

Rb♯show access-list

Extended IP access list 100

    10 deny ip host 172.16.1.2. host 192.168.1.2

    20 deny tcp host 10.255.1.2 eq www host 192.168.1.2

    30 permit ip any any

(三)测试

在 PC1 上 ping PC0,不通,开启 PC0 的 web 服务,PC2 不能访问,达到预期目的。

步骤 1:PC1 上 ping PC0。

```
PC>ping 192.168.1.2

Pinging 192.168.1.2 with 32 bytes of data:

Reply from 172.16.1.1: Destination host unreachable.
Reply from 172.16.1.1: Destination host unreachable.
Reply from 172.16.1.1: Destination host unreachable.
Reply from 172.16.1.1: Destination host unreachable.

Ping statistics for 192.168.1.2:
    Packets: Sent = 4, Received = 0, Lost = 4 (100% loss),
```

图 5-3-1　PC1 ping PC0 结果

步骤 2:PC2 上访问 PC0 的 web 服务。

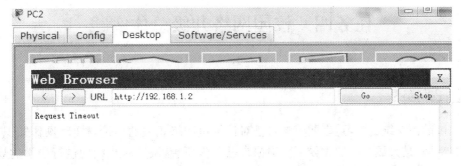

图 5-3-2　PC2 ping PC0 结果

二、校园网络升级任务

在校园网络中,进行适当的访问控制是很有必要的。一是可以通过访问控制列表控制不必要的流量,提高网络访问速度;二是起到防火墙的作用,保障网络安全。

任务要求:根据专题二中的网络拓扑,结合实际,配置合适的访问控制列表,使所有人只能访问 Web 服务器的 tcp 80 端口;对各个机房进行访问限制,仅允许访问常见网络服务(如 web、ftp、dns、telnet、qq)等。

 **任务评估**

自我小结			
软件使用情况	□☺	□☻	□☹
要点掌握情况	□☺	□☻	□☹
知识拓展情况	□☺	□☻	□☹
我的收获			
存在问题			
解决方法			

任务四　校园网络升级总体实践

 **任务描述**

经过前面系统的学习,李明感觉自己对计算机网络相关的理论与实践操作知识有了较好的掌握,是大显身手的时候了。根据自己所学所想,决定对校园网进行科学的规划、设计与部署,建立一个高效、可靠的校园网络。

一、网络拓扑设计

根据学校网络的规模和用户数量,采用当前流行分层设计的思想,千兆主干,百兆接入。整个网络分为信息中心,学生机房两个主区域。两个区域采用三层千兆交换机互联(三层交换机带路由功能,当前在局域网中一般用来代替路由器)。核心交换机 SWA 接入各办公室和 WEB 等各类服务器,交换机 SWB 负责接入各个机房。具体拓扑图如图5－4－1所示。

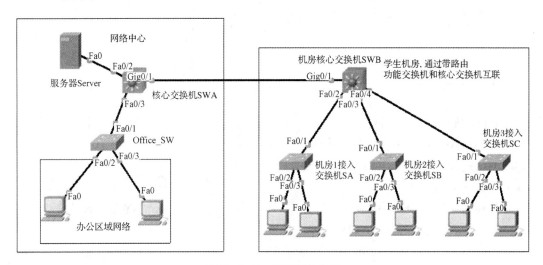

图 5－4－1　网络拓扑设计

二、各设备参考配置清单

(一) 交换机 SWA 参考配置清单(带下划线部分为配置说明)

```
!
version 12.2
no service timestamps log datetime msec
no service timestamps debug datetime msec
no service password-encryption
!
hostname SWA
!
!
!
enable secret 5 $1$mERr$GvDaTJK9lhdXRUPWKA74O0        //配置特权密码
!
!
!
```

```
ip dhcp pool teacher_office                                    //为办公区域配置自动分配IP 地址
network 192. 168. 46. 0 255. 255. 255. 0
default-router 192. 168. 46. 254
dns-server 8. 8. 8. 8
!
spanning-tree mode pvst
!
!
!
!
interface FastEthernet0/1
!
interface FastEthernet0/2                                      //连接服务器
description connect_to_Server
switchport access vlan 1000
!
interface FastEthernet0/3                                      //连接办公区域交换机
description connect_to_Office_SW
switchport access vlan 500
!
interface FastEthernet0/4
!
interface FastEthernet0/5
!
interface FastEthernet0/6
!
interface FastEthernet0/7
!
interface FastEthernet0/8
!
interface FastEthernet0/9
!
interface FastEthernet0/10
!
interface FastEthernet0/11
!
interface FastEthernet0/12
!
```

```
interface FastEthernet0/13
!
interface FastEthernet0/14
!
interface FastEthernet0/15
!
interface FastEthernet0/16
!
interface FastEthernet0/17
!
interface FastEthernet0/18
!
interface FastEthernet0/19
!
interface FastEthernet0/20
!
interface FastEthernet0/21
!
interface FastEthernet0/22
!
interface FastEthernet0/23
!
interface FastEthernet0/24
!
interface GigabitEthernet0/1                    //连接机房主交换机SWB
description connect_to_SWB
switchport access vlan 2
!
interface GigabitEthernet0/2
!            .
interface Vlan1
no ip address
shutdown
!
interface Vlan2                   //vlan 2用户和机房交换机SWB互联,路由
ip address 172.16.1.1 255.255.255.0
!
interface Vlan500                         //办公区域vlan
```

```
ip address 192. 168. 46. 254 255. 255. 255. 0
!
interface Vlan1000                          //各服务器vlan
ip address 192. 168. 47. 254 255. 255. 255. 0
!
router rip                                  //rip 路由配置
  network 192. 168. 47. 0
network 192. 168. 56. 0
network 172. 16. 1. 0
ip classless
!
line con 0
!
line aux 0
!
line vty 0 4
password password
login
!
end
```

(二)交换机 SWB 参考配置清单(带下划线部分为配置说明)

```
Current configuration：1642 bytes
!
version 12. 2
no service timestamps log datetime msec
no service timestamps debug datetime msec
no service password-encryption
!
hostname SWB
!
enable secret 5 ＄1＄mERr＄GvDaTJK9lhdXRUPWKA74O0
!
!
spanning-tree mode pvst
!
interface FastEthernet0/1
!
```

```
interface FastEthernet0/2
description connect_to_computer_room_1
switchport access vlan 10
!
interface FastEthernet0/3
description connect_to_computer_room_2
switchport access vlan 20
!
interface FastEthernet0/4
description connect_to_computer_room_3
switchport access vlan 30
!
interface FastEthernet0/5
!
interface FastEthernet0/6
!
interface FastEthernet0/7
!
interface FastEthernet0/8
!
interface FastEthernet0/9
!
interface FastEthernet0/10
!
interface FastEthernet0/11
!
interface FastEthernet0/12
!
interface FastEthernet0/13
!
interface FastEthernet0/14
!
interface FastEthernet0/15
!
interface FastEthernet0/16
!
interface FastEthernet0/17
!
```

//连接机房1，归属vlan10

//连接机房2，归属vlan20

//连接机房3，归属vlan30

```
interface FastEthernet0/18
!
interface FastEthernet0/19
!
interface FastEthernet0/20
!
interface FastEthernet0/21
!
interface FastEthernet0/22
!
interface FastEthernet0/23
!
interface FastEthernet0/24
!
interface GigabitEthernet0/1                    //连接交换机SWA
description connect_to_SWA
switchport access vlan 2
!
interface GigabitEthernet0/2
!
interface Vlan1
no ip address
shutdown
!
interface Vlan2                                 //和交换机SWA 互联vlan
ip address 172. 16. 1. 2 255. 255. 255. 0
!
interface Vlan10
ip address 192. 168. 45. 62 255. 255. 255. 192
!
interface Vlan20
ip address 192. 168. 45. 126 255. 255. 255. 192
!
interface Vlan30
ip address 192. 168. 45. 190 255. 255. 255. 192
!
ip classless
router rip                                      //rip 路由协议配置
```

```
    network 192.168.47.0
network 172.16.1.0
!
line con 0
!
line aux 0
!
line vty 0 4
password password
login
!
!
!
end
```

任务五　使用网络命令排查网络故障

**任务描述**

在网络的使用过程中,李明发现,要管理好校园网络,自己还有必要了解常见网络故障的种类,掌握常用网络故障检测与排除的基本方法,掌握常用网络检测诊断命令使用方法。为此,他展开了如下的学习。

**任务目标**

通过学习,能独立地对常见网络故障进行诊断、检测与解决。

**预备知识**

一、常见网络故障

计算机网络是一个复杂的综合系统,网络在日常运行过程中总是会出现这样那样的问题。引起网络故障的原因很多,网络故障的现象种类繁多,一般按如下方式进行分类。

1. 按照网络故障性质分类

按照网络故障的性质,网络故障可分为物理故障与逻辑故障两种。

物理故障也称为硬件故障,是由硬件设备或线路损坏、线路接触不良等情况引起故障。物理故障通常表现为网络不通,或时通时断。一般可以通过观察硬件设备的指示灯或借助专门的测试设备来排除故障。

逻辑故障也称为软故障,是指设备配置错误或者软件错误等引起的网络故障。路由器配置错误、服务器软件错误、协议设置错误或病毒等情况都会引起逻辑故障。

2. 按照发生网络故障的对象分类

按照网络故障出现的对象,网络故障可分为网络服务器故障、线路故障和路由器故障。

网络服务器故障一般包括服务器硬件故障、操作系统故障和服务设置故障。通常主要的原因是操作系统故障。当网络服务故障发生时,首先应当确认服务器是否感染病毒或被攻击,然后检查服务器的各种参数设置是否正确合理。

线路故障是网络中最常见和多发的故障。线路故障时应该先诊断该线路上流量是否还存在,然后用网络故障诊断工具进行分析后再处理。

路由器故障也是网络中常见的,由于现在网络中路由器设备的大量采用,一旦出现故障就会使网络通信中断。路由器故障的现象有时和线路故障相似,因此在诊断时要注意区分处理。检测这种故障,需要利用专门的管理诊断工具,用它收集路由器的路由表、端口流量数据、计费数据、路由器 CPU 温度、负载及路由器的内存余量等数据。一般可以利用网管系统中的专门进程不断地检测路由器的关键参数,并及时给出报警。

二、常用网络测试、诊断命令

故障的正确诊断是排除故障的关键所在,为了排除出现的网络故障,掌握一些网络测试,故障诊断工具尤为必要。这些工具,有基于硬件的,也有基于软件的。这里介绍几个 Windows 操作系统具有的网络诊断工具。

要使用这些命令,需要进入 Windows 命令行,打开命令行的方法是,在 Windows 开始菜单里面选择"运行",在弹出来的界面中输入"cmd",单击确定后出来的界面即为 Windows 命令行。如图 5-5-1 和图 5-5-2 所示。

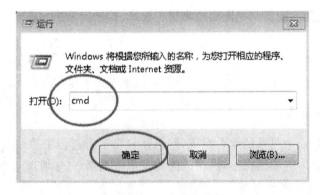

图 5-5-1　启动命令行

图 5-5-2　Windows 命令行界面

（一）连通性测试命令 ping

Ping 命令通过向被测试主机发送 ICMPECHO_REQUEST 数据包，看是否能收到对应的回应包来判断目标主机是否在线。它是一个专用于 TCP/IP 协议网络中的测试工具，是网络测试最常用的命令。此外，Ping 命令还可以测试到目标主机的延时、MTU 和路由等。在命令行输入 ping/？可以查看命令的使用帮助，如图 5-5-3 所示。

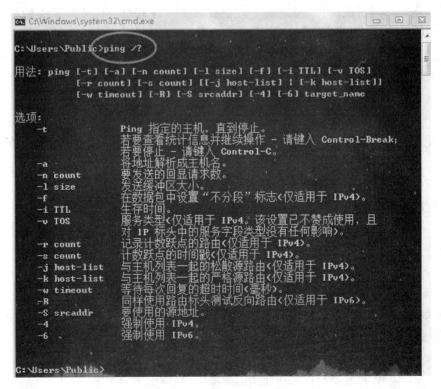

图 5-5-3　ping 命令的使用

Ping 命令的格式为 ping［参数 1］［参数 2］［…］目标主机地址。目标主机一般为 IP 地址或域名。按照 Windows 提供的帮助信息,各项参数的含义如下:

－t:指定在中断前 Ping 可以向目标主机持续发送回响请求信息。如果想要中断并显示统计信息,可以按 Ctrl＋Break 组合键;要中断命令执行并退出,可以按 Ctrl＋C 组合键。

－a:指定对目标 IP 地址进行反向名称解析。如果解析成功,Ping 将显示相应的主机名。

－n Count(计数):要发送的回显请求数据包个数,默认值是 4。

－l Size(长度):指定发送缓冲区大小,以字节为单位,默认值为 32。

－f:指定发送的"回响请求"中其 IP 头中的"不分段"标记被设置为 1(仅适用于 IPv4)。"回响请求"消息不能在到目标的途中被路由器分段。该参数可用于解决"路径最大传输单位(PMTU)"的疑难。

－i TTL:指定回响请求消息的 IP 数据头中的 TTL 段值。其默认值是主机的默认 TTL(生存时间 TTL 是 IP 协议包中的一个值,它告诉网络路由器包在网络中的时间是否太长而应被丢弃)值。TTL 的最大值为 225。注意该参数不能与－f 一起使用。

－v TOS:指定发送的"回响请求"消息中的 p 标头中的"服务类型(TOS)"字段值(只适用于 IPv4)。默认值是 0。TOS 的值是 0～255 之间的十进制数。

－r Count:指定 p 标头中的"记录路由"选项用于记录由"回响请求"消息和相应的"回响回复"消息使用的路径(只适用于 IPv4)。路径中的每个跃点都使用"记录路由"选项中的一项。如果可能,可以指定一个等于或大于来源和目的地之间跃点数的 Count。Count 的最小值必须为 1,最大值为 9。

－s Count:指定 IP 数据头中的"Internet 时间戳"选项用于记录每个跃点的回响请求消息和相应的回响应答消息的到达时间。Count 的最小值是 1,最大值是 4。对于链接本地目标地址是必需的。

－j HostList(目录):指定"回响请求"消息对于 HostList 中指定的中间目标集在 IP 标头中使用"稀疏来源路由"选项(只适用于 IPv4)。使用稀疏来源路由时,相邻的中间目标可以由一个或多个路由器分隔开。HostList 中的地址或名称的最大数为 9,HostList 是一系列由空格分开的 IP 地址(带点的十进制符号)。

－k HostList:指定"回响请求"消息对于 HostList 中指定的中间目标集在 IP 标头中使用"严格来源路由"选项(只适用于 lPv4)。使用严格来源路由时,下一个中间目的地必须是直接可达的(必须是路由器接口上的邻居)。HostList 中的地址或名称的最大数为 9,HostList 是一系列由空格分开的 IP 地址(带点的十进制符号)。

－w Timeout(超时):指定等待回响应答消息响应的时间(以毫秒计),该回响应答消息响应接收到的指定回响请求消息。如果在超时时间内未接收到回响应答消息,将会显示"请求超时"的错误消息。

－R:指定应跟踪往返路径(只适用于 lPv6)。

－S SrcAddr(源地址):指定要使用的源地址(只适用于 IPv6)。

－4:指定将 lPv4 用于 Ping。不需要用该参数识别带有 IPv4 地址的目标主机,要按名称识别主机。

　　—6:指定将 lPv6 用于 Ping。不需要用该参数识别带有 lPv6 地址的目标主机,要按名称识别主机,且仅需要按名称识别主机。

　　ping 命令使用示例一:为了测试到 www. baidu. com 的连通情况,可以输入 ping www. baidu. com 进行测试,如图 5-5-4 所示。

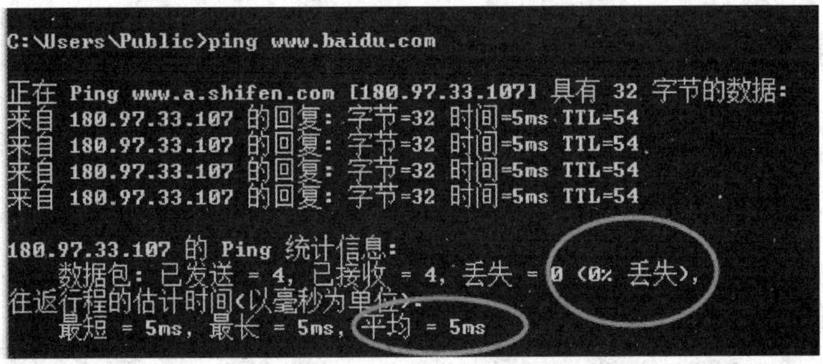

图 5-5-4　ping 命令使用示例

　　从命令返回的结果我们可以看到,测试者网络到百度的服务器的网络延迟为 5 毫秒,无丢包现象,表明网络情况良好。此外,如果丢包率大于百分之一,会明显感觉到网络时通时断。

　　ping 命令使用示例二:www. qq. com 同时支持 IPv4 和 IPv6 访问,要测试到 IPv6 服务器的网络质量,可以输入 ping —6 www. qq. com 进行测试,如图 5-5-5 所示。

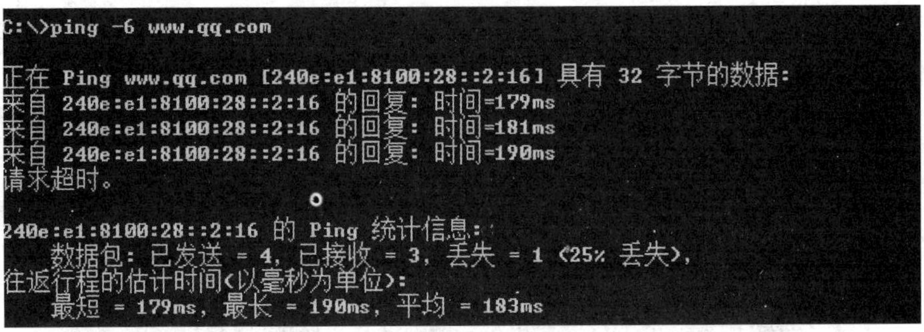

图 5-5-5　带参数使用 ping 命令

(二) TCP/IP 协议配置测试命令 ipconfig

　　利用 ipconfig 工具可以查看本机 TCP/IP 协议的有关配置,例如 IP 地址、网关、子网掩码等。输入 ipconfig/? 可以查看命令的使用帮助,如图 5-5-6 所示。

　　ipconfig 命令的格式为:ipconfig [/参数 1] [/参数 2] [⋯],各项参数含义如下:

　　/all:返回所有与 TCP/IP 协议有关的所有细节,包括主机名、主机的 IP 地址、DNS 服务器、节点类型、是否启用 IP 路由、网卡的物理地址、子网掩码及默认网关等信息。

　　/release:释放网上获取的 ipv4 地址。

　　/renew:更新网卡获取的 ipv4 地址。

图 5 - 5 - 6 ipconfig 命令使用

/displaydns：显示本机 dns 缓存。

/flushdns：清空本机 dns 缓存。

ipconfig 命令使用示例：为了查看计算机 IP 地址相关配置信息，可以输入 ipconfig/all 进行查看，如图 5 - 5 - 7 所示。

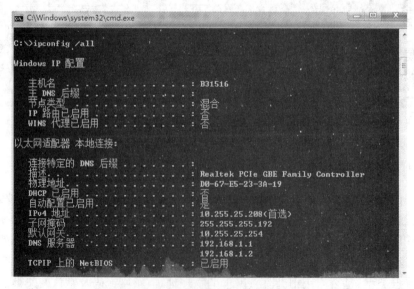

图 5 - 5 - 7 ipconfig 命令使用示例

（三）路由追踪命令 tracert

tracert 命令用来追踪数据包到达目标主机所经过的路径,并显示到达每个节点的时间。命令功能同 ping 类似,但它所获得的信息要比 ping 命令详细得多。tracert 命令使用 IP 生存时间（TTL）字段和 ICMP 错误消息来确定从一个主机到网络上其他主机的路由。用户可以输入 tracert/? 查看该命令的使用帮助,如图 5-5-8 所示。

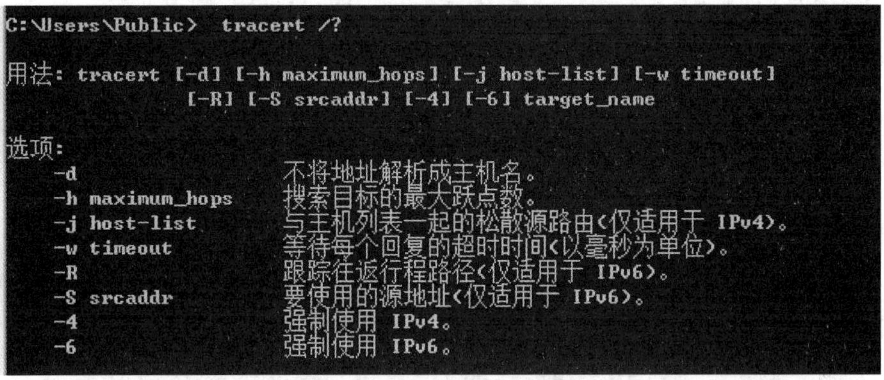

图 5-5-8　tracert 命令使用

tracert 命令格式为:tracert［一参数 1］［一参数 2］［一…］IP 地址或域名。常用参数的含义如下:

—d:不将地址解析成主机名。

—h:maximum_hops:搜索目标的最大跃点数。

—j:host-list:与主机列表一起的松散源路由（仅适用于 IPv4）。

—w:timeout:等待每个回复的超时时间（以毫秒为单位）。

—R:跟踪往返行程路径（仅适用于 IPv6）。

—S srcaddr:要使用的源地址（仅适用于 IPv6）。

—4:强制使用 IPv4。

—6:强制使用 IPv6。

Tracert 命令使用示例:为了查看到达目标 IP 地址 210.28.176.8 的路由情况,可以输入 tracert - d 210.28.176.8 进行路由追踪测试,如图 5-5-9 所示。

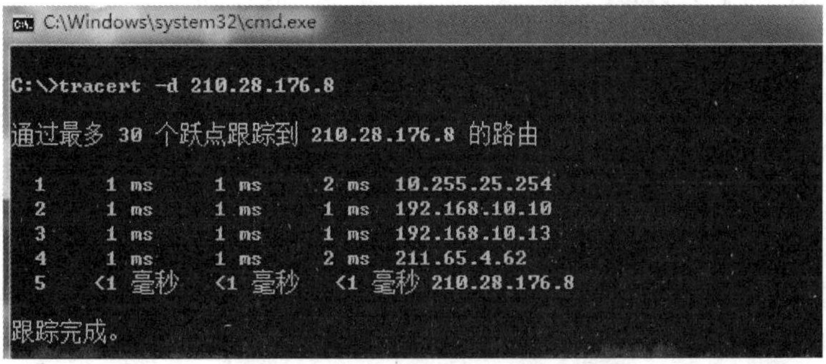

图 5-5-9　tracert 命令使用示例

（四）netstat

netstat 是一个监控 TCP/IP 网络的非常有用的工具，它可以显示路由表、实际的网络连接以及每一个网络接口设备的状态信息。netstat 用于显示与 IP、TCP、UDP 和 ICMP 协议相关的统计数据，一般用于检验本机各端口的网络连接情况。

利用命令参数，netstat 命令可以显示所有协议的使用状态，这些协议包括 TCP 协议、UDP 协议以及 IP 协议等，另外还可以选择特定的协议并查看其具体信息，还能显示所有主机的端口号以及当前主机的详细路由信息。输入 netstat /? 可以查看命令的使用帮助，如图 5-5-10 所示。

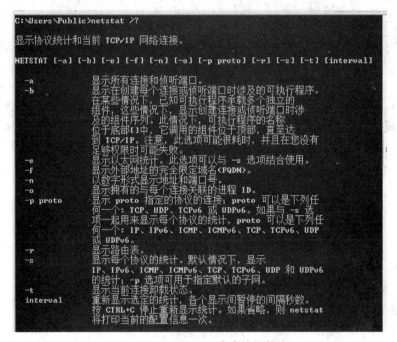

图 5-5-10　netstat 命令使用帮助

命令格式为：netstat［－参数 1］［－参数 2］［…］　常用参数含义如下：

－a：显示所有 socket，包括正在监听的。

－c：每隔 1 秒就重新显示一遍，直到用户中断它。

－i：显示所有网络接口的信息，格式"netstat-i"。

－n：以网络 IP 地址代替名称，显示出网络连接情形。

－r：显示核心路由表，格式同"route-e"。

－t：显示 TCP 协议的连接情况

－u：显示 UDP 协议的连接情况。

－v：显示正在进行的工作。

－p：显示建立相关连接的程序名和 PID。

－b：显示在创建每个连接或侦听端口时涉及的可执行程序。

－e：显示以太网统计。此选项可以与 －s 选项结合使用。

－f：显示外部地址的完全限定域名（FQDN）。

－o：显示与每个连接相关的所属进程 ID。

－s：显示每个协议的统计。

netstat 命令使用示例：为了查看本机的网络连接情况，在命令行输入 netstat － an 即可得到相关结果，如图 5－5－11 所示。

图 5－5－11　netstat 命令使用示例

三、网络故障诊断实例

（一）域名无法解析

故障现象：浏览器打不开新浪、百度等网站的网页，但是 QQ 能正常使用。

故障分析：此类故障为常见故障之一，QQ 能访问，说明网络数据能正常收发，表示网络物理链路，连通性都没有问题。因为访问网页时，系统需要先查询域名服务器，把域名转换成对应的 IP 地址，如果域名不能正确的解析，则网页无法访问。而 QQ 是通过 IP 地址直接访问，不需要进行域名的解析，所以能正常使用。

故障测试：使用 ping www.baidu.com，如果出现 unknow host 或者找不到主机字样的反馈，则说明域名www.baidu.com 解析失败，DNS 服务器存在故障，如图 5－5－12 所示。

图 5－5－12　DNS 解析故障

故障解决：更换 TCP/IP 设置里面的 DNS 服务器即可。

（二）办公室部分电脑不能访问某网站

故障现象：公司网络正常，电脑也能正常访问其他网站，某网站部分电脑能访问，部分不能访问。

故障分析：能正常访问别的网络，说明公司网络本身不存在问题，故障应该与被访问的这个特定网站有关。这种情况一般是目标站点采用了基于 DNS 解析的负载均衡技术，一个域名对应多个 IP，其中一个 IP 所在服务器可能出现了故障。计算机对域名访问时并不是每次访问都需要向 DNS 服务器寻求帮助的，一般来说当解析工作完成一次后，该解析条目会保存在计算机的 DNS 缓存列表中，如果这时 DNS 解析出现更改变动，由于 DNS 缓存列表信息没有改变，在计算机对该域名访问时仍然不会连接 DNS 服务器获取最新解析信息，会根据自己计算机上保存的缓存对应关系来解析。出现访问故障的电脑是因为缓存了可能出现故障的服务器对应的 IP 地址。

　　故障测试：在能正常访问的电脑上 ping 网站域名返回的 IP 地址与不能正常访问电脑上的返回结果不一样。

　　故障解决：在不能访问的电脑上执行命令 ipconfig /flushdns，清空 dns 缓存。

 **任务评估**

自我小结			
软件使用情况	□☺	□😐	□☹
要点掌握情况	□☺	□😐	□☹
知识拓展情况	□☺	□😐	□☹
我的收获			
存在问题			
解决方法			

 专题小结

　　本专题主要内容：① 路由器的基本功能及基本配置，RIP 路由协议的简单配置与测试。② 访问控制列表基本知识、配置方法以及在校园网络中设置访问控制列表。③ 校园网络升级实例，包括交换机、路由器配置和测试。④ 常见网络故障诊断与排查。

参考文献

[1] 徐恪,任丰原,刘红英.计算机网络体系结构设计、建模、分析与优化[M].北京:清华大学出版社,2014.

[2] Andrew S. Tanenbaum,Davi J. Wetherall.计算机网络[M].第 5 版.北京:清华大学出版社,2012.

[3] 朱立才.计算机网络原理实验教程[M].北京:科学出版社,2005.

[4] 朱立才,鲍蓉.路由与交换技术实验教程[M].南京:南京大学出版社,2011.

[5] 谢希仁.计算机网络[M].第 6 版.北京:电子工业出版社,2013.

[6] 谢钧、谢希仁.计算机网络教程[M].第 4 版.北京:人民邮电出版社,2014.

[7] Laura A,Chappell,Ed Tittel. TCP/IP 协议原理与应用[M].第 4 版.北京:清华大学出版社,2014.

[8] 中国互联网络信息中心[EB].中国互联网络发展状况统计(2015 - 7 - 1)[2015 -11 - 1] http://www. cnnic. net. cn/hlwfzyj/hlwxzbg/hlwtjbg/201507/P020150723549500667087. pdf.

[9] 罗建航,崔丹,吴敏,杨万扣.计算机网络技术与应用[M].第 2 版.北京:清华大学出版社,2014.

[10] 吴功宜,吴英.计算机网络应用技术教程[M].第 4 版. 北京:清华大学出版社,2014.

[11] 雷震甲,严体华,吴晓葵.网络工程师教程[M].第 4 版.北京:清华大学出版社,2014.

[12] 张友生,王勇.网络规划设计师考试全程指导[M].第 2 版.北京:清华大学出版社,2012.

[13] 李元元,张婷.接入网技术[M].北京:清华大学出版社,2014.

[14] 王协瑞.计算机网络技术[M].第 3 版.北京:高等教育出版社,2014.

[15] 俞海英.计算机网络基础项目化教程[M].北京:冶金工业出版社,2010.

[16] 陆丽丹.计算机网络基础[M].南京:江苏教育出版社,2013.

[17] 邹红艳,易平,胡惠荣.计算机组网技术及实训[M]. 北京:清华大学出版社,2010.

[18] 龙马工作室.Windows 7 实战从入门到精通[M].北京:人民邮电出版社,2014.

[19] 徐雅斌,周维真,施运梅.计算机网络[M].西安:西安交通大学出版社,2011.

[20] 潘伟,曹浪财,费嘉.计算机网络:理论与实验[M].厦门:厦门大学出版社,2015.

[21] 百度文库.第 8 章 WWW 服务器配置与管理[DB].(2011 - 02 - 23)[2015 -10 -1]. http://wenku. baidu. com/view/94c3f91910a6f524ccbf852e.

［22］百度百科. 网络打印机［EB］.（2015－10－23）［2015－10－23］. http：//baike. baidu. com/link？ url ＝ 5XFRVD07mMlErA1YHi9IEs02cW3BLtkxKEUljX2zLmdMe＿ SY141zXjhKZBv6mR9IINZugji8yK01KkDBEM6AQ＿.

［23］百度百科. 电子邮件服务［EB］.（2015－10－30）［2015－10－30］. http：// baike. baidu. com/view/576456. htm.

［24］百度百科. 无线接入点［EB］.（2015－10－30）［2015－10－30］. http：//baike. baidu. com/link？ url＝jE1hqxTnAvomXLi4XYyxld7IQw6iQGNALts34J5x＿jAxH5xdH gQ＿bzMkMPUAL8gT-OlUfkPX＿un7577hhDawkJh1sAAYpo4736u6-kXBEM0KpzX tvL8bu4qsK6682SVM73zvnOaiYBBGyPlVv-5k6vQgeX0NraxPbLcUfEE04＿i.

［25］百度文库. 移动通信系统使用频段［DB］. http：//wenku. baidu. com/link？ url ＝ q8Mpemo88VQIPxCbE-zbzFeg88Fu4kdOcC7W-lwLYFJh7A-UlMuOs7tyzvEDCpam8 sivsookWr7JvcariO4BkrlXjSDAMXXikQjQTl3m2um.